北欧风格住宅
软装全解析

艺力国际出版有限公司 编著

大连理工大学出版社

Dalian University of Technology Press

图书在版编目(CIP)数据

北欧风格住宅软装全解析 / 艺力国际出版有限公司
编著. -- 大连：大连理工大学出版社，2021.4
ISBN 978-7-5685-2648-7

Ⅰ．①北… Ⅱ．①艺… Ⅲ．①住宅—室内装饰设计—
北欧神话 Ⅳ．①TU241

中国版本图书馆CIP数据核字（2020）第150727号

北欧风格住宅软装全解析

BEI OU FENGGE ZHUZHAI RUANZHUANG QUAN JIEXI

出版发行：大连理工大学出版社
　　　　　（地址：大连市软件园路80号　邮编：116023）
印　　刷：深圳市亿利达数码印刷有限公司
幅面尺寸：235mm×290mm
印　　张：17.25
字　　数：333千字
插　　页：4
出版时间：2021年4月第1版
印刷时间：2021年4月第1次印刷
责任编辑：张　泓
责任校对：裘美倩
策　　划：卢积灿
封面设计：熊礼波
特约编辑：李爱红　王　琛

ISBN 978-7-5685-2648-7
定　　价：298.00元

电　话：0411-84708842
传　真：0411-84701466
邮　购：0411-84708943
E-mail：jzkf@dutp.cn
URL：http://dutp.dlut.edu.cn

本书如有印装质量问题，请与我社发行部联系更换。

序言

　　我们认为，北欧风格设计的精神源自对生活模式因地制宜的实践。空间设计时使用的材料、色彩、比例等，除了与设计风格相协调之外，还要适时地留白。

　　50% 的空间由设计师完成，另外 50%的空间则需由使用者来填满。从看似不相关的画面，例如，从使用者的穿着、习惯、谈吐等种种条件中寻找转化运用的空间，成就每个住宅空间的独特性，又不失北欧风格设计所强调的适度平衡性。

　　在北欧风格的住宅空间里，整体家具与软装配饰的重要性绝对不低于硬件的装修。每个空间都有属于自己的故事和内心理念，串起所有动线、配色、材质、家具等元素，从而成就新的温度。

　　北欧风格设计所代表的就是属于每个空间使用者自己的风格和创意，通过设计师的手转化落实于空间之中。

吴翊玮

乐创空间设计团队

目录

第一章　认识北欧风格

第二章 北欧风格住宅分析

第 一 章

认 识 北 欧 风 格

一、北欧风格概述

北欧风格的装饰以流畅的造型为主，配色简洁明快，没有多余的奢华装饰，给人洁净、清爽的视觉感受，在全球范围内广受喜爱。因为这种设计风格起源于斯堪的纳维亚地区，所以也被称为"斯堪的纳维亚风格"。

1. 起源与发展

北欧风格是指欧洲北部挪威、丹麦、瑞典、芬兰及冰岛等国的艺术设计风格，这五个国家独特优越的地理环境，发达的社会经济氛围，以及深厚的人文底蕴，为北欧风格的形成提供了条件。

19世纪末，工艺美术运动和新艺术运动在英国兴起，北欧风格受其影响，也加入设计运动的队伍当中。20世纪20年代，崇尚简单自然设计理念的北欧风格风靡世界。尤其值得一提的是，1930年，在斯德哥尔摩博览会上，北欧风格着力强调产品的实用功能性，得到了极高的认同和赞誉。20年后，以"斯堪的纳维亚设计"为主题的展览在美国纽约布鲁克林博物馆举办，北欧风格从此登上国际设计的舞台，并对后来的"极简主义""后现代"等风格产生影响。

由于北欧五国各自的地理位置和历史文化环境的差异，其设计风格具有各自的特色：丹麦的设计体现了高超的手工艺技术，强调简洁的设计美感，重视功能性；瑞典的设计讲究雅致与舒适；芬兰的设计追求简约，贴近自然；挪威和冰岛的设计则善于运用各种材料。

如今，北欧风格一直在发展，在融合传统工艺与时尚创新的过程中，遵守着人文主义精神和现代设计理念。尽管时代在变，但北欧风格仍能契合现代人对简约、舒适生活的向往与追求，受到设计师们的喜爱。

2. 典型特征

北欧风格崇尚自然，尊重传统工艺技术，主张以人为本，强调极简主义与功能性，体现了本土、自然、简洁、实用、人性化的特点。需要说明的是，在室内设计领域，北欧风格并不等同于极简主义。极简主义可理解为一种主题，而北欧风格更倾向于一种风格，范畴相对于极简主义而言更小一些。

北欧风格的住宅主要有以下三种典型特征：

（1）　宽大的落地窗

由于北欧国家特殊的地理位置，冬季天黑得早，享受光照的时间短。为了减轻房子的压抑感，北欧风格的住宅都会设计很多大面积的窗户，让整个房子显得明亮、开阔。

北欧风格住宅的窗户一般会从地面一直延伸到天花板，其宽度往往和整面墙体的宽度接近一致，以达到自然采光的最大化。

在右图中，客厅空间同时开有拱形窗和落地窗，整个空间显得宽敞通透。

HAO Design：光影叙事曲（1）

HAO Design：光影叙事曲（2）

（2）　利用线条与色块划分空间

北欧风格的室内设计常常运用线条和色块划分并装饰顶、墙、地三个面，几乎不用繁复的纹样和图案。墙面开有大面积窗户，充分引入自然光，空间宽敞并具有层次感，常借助镜面或玻璃等材质打造延伸感。

主色调常为浅色，再辅以适当的深色或者亮色来划分不同的区域。例如，在左图中，设计采用白色、木色以及暗绿色三大色块，以白色与木色的界线划分墙壁和天花板，以白色和暗绿色的界线划分墙壁和地板，简洁有力，分区明显。

Taylor Knights：布伦瑞克西屋（1）

除了白色，浅灰色也是北欧风格常用的色彩。例如，在右上图的客厅中，蓝灰色、浅绿色以及原木色共同奠定了空间的浅色基调，给人以清新舒适的感觉，体现出浓浓的北欧风格。而右下图中的卧室空间，其浅色调由浅灰色、白色、薄荷绿色以及原木色搭配而成，更显得柔和、温馨，创造出恬静的睡眠环境。

北欧风格住宅的用色以浅色以及白色居多，多色块的运用有助于打破纯白空间的清冷和单调之感。关于颜色的更多应用将在"软装设计色彩的搭配"中详细说明。

知域设计：沐木（1）

Normless Architecture Studio：复式公寓（1）

（3）　　随处可见的绿色植物

简约时尚的北欧风格，总是少不了绿色植物的点缀。它们通常被放置在墙角、窗台、置物架或桌子上，流露出生机勃勃的家居气氛，既可以作为装饰物提升空间格调，又有利于改善空气质量。

北欧风格中常见的绿植主要分为高大型和中小型两个类别。高大型的植物有龟背竹、凤尾竹、散尾葵、仙人掌、仙人柱、琴叶榕、橡皮树、橄榄树、千年木（七彩铁）等；中小型的植物有尤加利、竹芋、珍珠吊兰、多肉植物，如绿玉树等。

龟背竹，图源：Kara Eads, Unsplash

Normless Architecture Studio：复式公寓（2）

尤加利，图源：Heather Mount, Unsplash

此外，为了使植物更好地融入北欧风格的空间中，花盆以及花瓶的选择也是有讲究的。白色陶瓷以及装饰有麻绳和藤条的陶罐是高大型植物花盆的首选，中小型植物的花瓶则以玻璃、白色或黑色的陶瓷材质为主。

图源：Maria Berntsens

Normless Architecture Studio：复式公寓（3）

乐创空间设计：沐色（1）

3. 风格类型

总体而言，北欧风格的住宅设计基本分为两种：一是线条明显、造型感强烈的现代风格；二是贴近自然、追求质朴的自然风格。

在第一种风格中，一般选择造型简约、线条感强并且强调实用功能的家具。

如右上图，在 OMY Design 设计的"霍隆 Y 家"的客厅与用餐空间中，家具的材质主要由金属材料和铝网组成。无论是餐桌上方的灯饰、并排的餐椅，还是倚墙而立的置物架，线条的造型都干净利落，给人一种工业感。

右下图的楼梯扶手使用平行竖直的金属条，在实现自身功能的同时，也是区分空间的界线，设计简单而又不失功能性。此外，白色餐椅脚的线条造型也十分独特。

OMY Design：霍隆 Y 家（1）

Nox architects, Sarajevo：纯白空间（1）

第二种风格以实木家具为主导，以自然符号为表现介质。如下左图，这是一个延伸的阳台空间，柜子、桌子等都使用了木元素，再搭配大面积的绿植元素，呈现出原生态的质朴空间。

现代风格和自然风格这两者之间，其实并没有太严格的界限，有时混搭的效果也很不错，既有自然风格的清新感，同时又具备现代风格的简约时尚。

Egue y Seta：尘世家庭殿堂（1）

馥阁设计：优雅的行板（1）

二、软装设计元素与运用

简约的北欧风格，对空间的硬装并没有过多的要求，其风格的体现主要通过软装实现，无论是家具还是配饰，都有其固定的选择标准。设计师通过搭配，完美地烘托出住宅项目的北欧风格。

1. 家具布置

北欧风格家具的典型特征是简约实用，设计感强，并带有浓烈的后现代主义色彩，甚至可以拆装折叠，随意组合。对于家具线条的设计十分讲究流畅性，整体上没有繁复的装点与刻意的装饰，展现出一种天然的雅致。

乐创空间设计：沐色（2）

知域设计：沐木（2）

Normless Architecture Studio：复式公寓（4）

（1）　不可缺少的原木

木材是北欧风格室内软装的灵魂。由于北欧地区靠近北极，气候寒冷，森林资源丰富。使用隔热性能好的木材不仅有利于室内保温，也能亲近自然，实现环保。因此，在北欧风格的室内家具装饰中，木材占有很重要的地位，其中以实木家具最为经典。

北欧实木家具比较低矮，以板式家具为主，多选用桦木、橡木、枫木、松木等没有经过任何涂料加工的木材，呈现原木的质朴状态：柔和的色彩、细密的质感以及天然的纹理。

这些原木自然地融入家具设计之中，展现出朴素、清新的原始之美，装饰效果极佳。从客厅、厨房到卧室，再到楼梯踏板、书架和灯饰，实木都可以发挥作用。

Yael Perry：A | A 复式（1）　　Nordico Studio：出租公寓（1）

（2）　石材、玻璃和铁艺

除了木材，石材、玻璃和铁艺也是北欧风格室内软装常用的装饰材料。在使用这些材料时，设计师通常都会保留这些材质的原始质感。

玻璃具有通透、耐潮湿、占地少的特点，很适合用于划分空间；铁艺家具的外形往往具备强烈的艺术感，时尚硬朗；至于石材，大多是用以构成各类家具的台面，光洁、亮度高，为宁静的氛围制造一点小冲突，提升空间的生动性。

通常，这些材料都是结合使用的，如洗浴间以石材和玻璃搭配布置，部分家具则是由铁艺和木艺，或者是石材和木艺共同构成的，融合了不同材质的特点。

丰聚室内设计：爱与陪伴（1）

奇拓室内装修设计有限公司：超线　　Studio AC：希尔顿别墅（1）

（3）　便于移动的家具

北欧风格家具的造型以简约现代为主，而且多使用便于移动的家具。最具代表性的就是客厅里的小型边桌，取代了传统的大茶几，其简约现代的造型非常适合小户型的客厅。不过，灵活度高的小型家具的收纳性就没有那么强了。

Yael Perry：A | A 复式（2）

Partidesign & CHT Architect：晁公寓

丰聚室内设计：爱与陪伴（2）

（4）　标志性椅子

在北欧风格的空间中，有两种标志性的椅子。其一是 Wishbone 椅子，它是丹麦设计大师汉斯·韦格纳的经典之作，因其椅背特殊的 Y 形线条，又被称为"Y 形椅"（Y-chair）。其二是伊姆斯椅，它是由美国的伊姆斯夫妇于 1956 年设计的经典餐椅。经济实惠、轻便、坚固、外形优美又高质量的特点，使得这种款式的椅子大受欢迎，流行至今。还在此基础之上，衍生出其他类似的椅子。

Studio AC：希尔顿别墅（2）

图源：Andres Jasso，Unsplash

hoo：Jodi（1）

2. 布艺装饰

北欧地区气候寒冷，为了营造温暖舒适的室内环境，设计师会使用大量厚重暖和的布艺装饰。北欧风格住宅的布艺装饰，通常选用以自然元素为主，质朴柔软的布艺产品，以遵循简洁、自然而人性化的北欧风格特质。普遍采用的材质包括木、藤、棉、纱、麻等。

AW WA Interior：波兰公寓（1）

（1） 柔软有温度的沙发及抱枕

北欧风格的布艺沙发多使用棉麻材料。棉麻沙发的导热性能很强，质感紧实，触感柔和，同时耐磨，不易起球，整体气质古朴自然。作为家居公共区——客厅的主角，布艺沙发柔软而有温度的特性，有利于营造舒适、轻松的氛围。

沙发上再搭配两三个轻便实用、款式多样的布艺抱枕以及一两条毛毯，可以使沙发更为饱满，从而打破整体空间的生硬与单调。

上图以白色调为主的客厅空间中，灰色系的棉麻材质沙发上放置亮金色和亮橘色的皮质抱枕，使整个空间提亮不少，也增添了些许生机。

提及抱枕和毛毯，在北欧风格的卧室空间布置中也常常会用到它们。例如，右图卧室空间的睡床使用灰色系的床垫，铺放有黄色和绿色两张毛毯，若干抱枕的颜色与之相呼应，统一而不显凌乱，材质厚实，传递出温暖之意。

SHOKO.design：现代波希米亚（1）

（2）　必备的地毯

北欧风格的住宅在硬装上不会花过多的心思，而会使用装饰地毯来丰富住宅空间的层次。这是简约素雅空间中的点睛之笔，也可谓北欧风格住宅设计必备的软装物品。

此外，它还具备保暖的实用功能，在气候寒冷的北欧地区甚是受欢迎。地毯与可移动的边桌搭配，便可席地而坐，自然而不拘谨。

装饰地毯的花色以纯色和几何形状图案为主，但也有多种选择。几何拼色装饰毯，由不同色相或者不同明度的颜色，依据几何图形搭配组合而成，时尚而富有层次感。纯色装饰地毯属于经典的百搭款式，比较常见，风格质朴而简约。流苏装饰地毯的边缘带有较长的毛边，文艺气质十足。几何元素的装饰地毯，点、线、面三大元素相互交替，构成丰富，极具个性，设计感强。

Egue y Seta：尘世家庭殿堂（2）

知域设计：沐木（3）

馥阁设计：优雅的行板（2）

Nox architects, Sarajevo：纯白空间（2）

hoo：Joan

Yael Perry：A丨A复式（3）

（3） 飘逸质朴的窗帘

北欧风格的窗帘以朴素的风格为主，线条和色块简洁明快，时尚而有格调，没有过多的装饰图案。色调自然清新，多用黑色、白色和灰色等中性色彩。如果选用其他色彩，需要与屋内的主色调保持一致，这样才不显突兀。

右图中窗帘的材质飘逸，令人几乎感觉不到它的存在，而室内光线却因之变得柔和。

Normless Architecture Studio：复式公寓（5）

右图中卧室空间的灰白色窗帘与浅棕色的原木背景墙和床上的茶色被子相得益彰，营造出宁静、温馨的休息氛围。窗帘使用的是麻材质，轻盈柔软，也满足基本的隔离室外光线的功能。

寓子设计：暖（1）

除了白纱窗帘，另一种选择便是百叶窗。它简约大方，节省空间，可用于小户型的设计中，不会使房间显得过于凌乱和烦琐。

CONCEPT 北欧建筑：美丽大湖——许宅　　　乐创空间设计：沐色（3）　　　乐创空间设计：原木北欧宅——破光

3. 灯具选择

一个好的灯具能够在整体装修中起到画龙点睛的作用。北欧风格的灯具往往造型简约，但又款式多变。无论是美感、观赏度还是适应度，都具有极佳的水平。

北欧风格的灯具可以从灯罩的材料、造型以及颜色三个方向进行选择，常见的材料有玻璃、金属（铝、铁等，并覆有磨砂喷漆），造型则以简约的几何形单头灯以及枝形吊灯为主，颜色则可根据整体空间选择黑、白、灰或者低饱和度的马卡龙色。

常见的北欧风格灯具类型有以下几种。

Taylor Knights：布伦瑞克西屋（2）

（1）　几何形灯具

简约的几何形灯具以三角形、半圆形、圆柱形为主，多用于餐厅照明。灯具数量的选择根据餐厅的大小从 1 个到 3 个不等。由于此类几何形灯具的灯头体积较大，数量不宜超过 3 个。

HAO Design：蓝舍　　　hoo：Jodi（2）　　　SHOKO.design：现代波希米亚（2）

（2）　线形铁艺灯具

线形铁艺灯具仿照欧洲宫廷古典式灯具的造型，去掉了繁复的花纹设计，简化了线条走向。下图中的钻石形的灯罩设计是最常见的一种选择。

Casa 100 Arquitetura：极简小公寓

AW WA Interior：波兰公寓（2）

OMY Design：霍隆 Y 家（2）

（3）　枝形吊灯

枝形吊灯充满了结构的创意和美感。吊灯线条的走向灵活，有横向扩展的，也有像树枝一样多方向不规则扩展的。吊灯灯泡数量也有不同，有由众多圆形小灯泡组合而成的复杂吊灯，也有仅两个灯泡组成的简约吊灯。灯泡的数量需要依据空间的大小而选择。

destilat Architecture + Design：M 号公寓

Studio AC：希尔顿别墅（3）

（4）　玻璃灯具

　　晶莹透明的玻璃灯罩增强了空间的明亮感和通透感。深色的玻璃灯罩还能打造出些许工业风的氛围。

 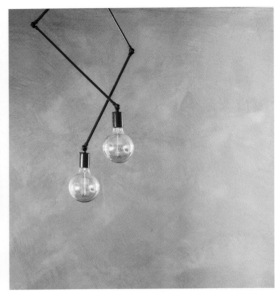

SHOKO.design：100% 有机自然（1）　　　　　　Yael Perry：A | A 复式（4）

4. 个性化装饰品

　　北欧风格的装饰品大都精练简洁、造型别致，拥有明快、简约的线条。

（1）　抽象的装饰图案

　　北欧风格装饰品的图案多以几何印花、条纹及人字图形和抽象设计为主，格调欢快、富有个性。装饰品常使用几何色块元素打造趣味图案。大到壁纸、瓷砖，小到抱枕、挂画，都能看到这些装饰图案的身影。

　　简单的几何抽象挂画，寥寥数笔就能让整个空间生动起来。一些简单的图案还能自己动手创作。

ZROBYM Architects：有形之墙

Normless Architecture Studio：复式公寓（6）　　知域设计：沐木（4）　　　　　　Normless Architecture Studio：光·寓（1）

菱形图案具备均衡的线面造型，它的对称性可从视觉上使人产生稳定、和谐之感。

格纹图案的线条纵横交错，富有秩序，具备时尚感。

SHOKO.design：现代波希米亚（3）　　Nordico Studio：出租公寓（2）

（2）　彩色玻璃容器

彩色玻璃容器也是北欧风格中使用率颇高的装饰品之一，美观实用，既不会破坏北欧风格整体的简约质感，又能提升室内的美感。Louise Roe Copenhagen 的大型珠宝花瓶由人工吹制而成，灵感来自宝石形状。干净、简约的设计可完美插放大型或独枝花束。

图源：Louise Roe Copenhagen

（3）　自然感装饰

在"北欧风格概述"中便提到，绿色植物是北欧风格住宅中必不可少的装饰元素。然而，对于一些不喜欢绿色植物的屋主或者不适宜摆放绿色植物的场所，具有自然感的装饰是不错的替代品。

一幅森林图案的海报就能让人有亲近自然之感，在家中营造出静谧的氛围。

植物图案的装饰画和毛毯为房间增添了清新自然之感，最受欢迎的是龟背竹、芭蕉叶等图案。

图源：Fine Little Day

Nordico Studio：出租公寓（3）

Normless Architecture Studio：复式公寓（7）

SHOKO.design：现代波希米亚（4）

三、软装设计色彩的搭配

每个空间都有一个视觉中心，这个视觉中心的主导者就是色彩。同样是崇尚自然与简约，相较于日式简约的原木色与白色，北欧风格的色彩更为明亮及活泼，用色选择也更加多样。

Taylor Knights：布伦瑞克西屋（3）

1. 色彩运用特征

北欧地区气候寒冷，日照时间短，黑夜和冬季相对漫长。在这样的自然环境下，人们在选择家居色彩时，普遍会大面积地使用浅色色调。因此，浅色调成为北欧风格室内装饰的主要特征之一。这些浅色调与温馨的木色相搭配，营造出舒适的居住空间，若是点缀一些彩色，还能起到提亮的效果。

Yael Perry：S | H 公寓

（1）　以黑、白、灰为主色调

北欧风格色彩搭配的第一大特点就是以黑、白、灰为主色调，尤其是白色。纯白的墙壁易于反射光线，可以从视觉上使空间更为宽敞、明亮，营造出一个干净、简洁、明亮的家居环境。

Nordico Studio：出租公寓（4）

（2）　以中性色彩进行过渡

　　中性色彩一般是指原木色、不同深浅的灰色以及米色、米黄色等。白色与原木色是经典的组合方式之一。 原木色一般来源于木地板以及木质家具。北欧风格大多使用中性色进行柔和过渡。若黑、白、灰组成的视觉效果过于强烈，则可以使用中性色彩的家具中和，打破视觉膨胀感。

hoo：Jodi（3）　　　　　　　　　　　　　　　　构设计：曷迹

　　低饱和度的色彩有着很好的可塑性，是一种非常高雅的色系，可以使空间在视觉上达到完美的平衡。低饱和度的色彩适合大面积使用，可以打破空间的沉闷感和单调感。

新澄设计：斯堪的纳维亚　　　　　知域设计：沐木（5）　　　　　　寓子设计：A.K.I. 公寓（1）

在白色空间中布置一点灰绿色或灰蓝色，可以使空间的整体色调变得更加协调与柔和，再搭配一两幅趣味挂画或其他装饰品，便能营造出浓厚的北欧风格。

馥阁设计：互动的快乐家

Normless Architecture Studio：光·寓（2）

（3） 以高纯度色彩做点缀

点缀色通常用来打破纯白空间过于单调的色彩效果。鲜艳的点缀色可以使空间更加生动，而采用与背景色相近的点缀色，则可以营造低调、柔和的空间氛围。

北欧风格室内装饰常使用高饱和度的纯色，例如，柠檬黄色、薄荷绿色、亮蓝色或马卡龙色等。使用深色系对整个空间进行点缀也可以带来不错的视觉效果。

点缀色以色块形式出现的情况较少，多是装饰类的小物品，如陈设品、灯具、布艺或者花艺等。

寓子设计：A.K.I. 公寓（2）

寓子设计：A.K.I. 公寓（3）

2. 常用色彩搭配方案

虽然北欧风格住宅的色彩选择多种多样，但在同一空间内，除去黑、白、灰，最好还是控制在三种色彩之内。色彩的组合也不是随心所欲的，以下总结了四种常用色彩搭配方案，便于直接使用。

Yael Perry: A|A复式 (5)

SHOKO.design: 100% 有机自然 (2)

（1）　经典组合一：黑、白、灰

白色与黑色是北欧风格最经典的色彩搭配，能够将北欧风格的极简特征发挥到极致，通常用白色做大面积布置，以黑色作为点缀。在白色空间中，黑色的面积占比最好不要超过 30%。恰当的暗色可以让空间的色彩效果更稳定，但过多则显得压抑，有失温馨。

空间中若只有黑、白两色，则会因为对比过强而显得冷硬；因此，可以加入木质材料调节，或者适当地运用一些曲线条装饰品，柔化空间氛围。

hoo: Jodi (4)

（2）　经典组合二：暖木色与浅色

暖木色与浅色也是北欧风格的常用搭配，整体色调淡雅、低调，空间氛围宁静。暖木色与浅色的家具给人温馨舒适的感觉，也令整个空间显得更为宽敞，再搭配暖光灯具、绿色植物等装饰物件，可在实现室内功能的同时，打破单调，营造出带有自然田园风格的色彩。

SHOKO.design: 现代波希米亚 (5)

寓子设计: 暖 (2)

（3）　同类色：营造统一感

同类色色系统一，极为协调也容易搭配。下图选用不同明度的蓝色装点空间，整体空间清新淡雅，用色也更为丰富。

丰聚室内设计：爱与陪伴（3）

（4）　对比色：让空间更显灵动

一般地，在整体空间淡雅素净的基调下（如浅灰色），利用对比色（如蓝色与黄色、绿色与红色、紫色与橙色），以一定的面积比例或色块形态相互搭配布置，能够很好地营造出紧凑而有张力的视觉感受，让整体空间显得更为灵动和跳跃。

Nordico Studio：出租公寓（5）

第二章

北欧风格住宅分析

布伦瑞克西屋

房屋外墙为经典的白色砖

布伦瑞克西屋的面积为 50 m²，是一个加州风格住宅的小规模扩建改造房。扩建改造房的面积较小，与原房屋紧密连接，旨在将主屋与朝北的大花园重新连通。

受经费等客观因素影响，设计师们只需对这间简朴的房屋进行简单的变动，避免因对原房屋重新规划而耗费大量财力、人力和时间。设计师们计划在中间开辟一条青藤盘绕的小路作为房屋的新入口。该方案使房屋两部分能各自独立运转，且原房屋能有更多空间用作私人活动空间，而扩建改造房则成为新的社交中心。设计师们将新客厅布置在三面石雕墙之间，这个位于开放空间中的隐秘角落成为家庭闲坐、聚会以及休息的地方。

一进门便是精心设计的交流空间

沿墙而设的飘窗可以满足多人入座的需求

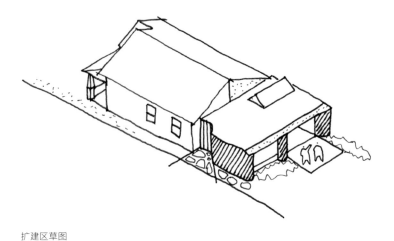

扩建区草图

屋主的日常工作非常辛苦，因此希望有一个安静舒适的生活空间可以休息、放松。同时，该设计的另一要点是在开放式空间的基础上保证私密性。因此，设计师们将休闲区安排在三面石雕墙之间，沿线布置景观，在开放空间中规划出一个小角落，让一家人可以享受团聚的时光。屋主也可以独自在此，倚坐花园窗边读一本书，偷闲片刻。

对于屋主来说，规划一个能够存放他们形形色色的艺术、文学收藏的区域也相当重要。全家最喜欢的作品是瓦西里·康定斯基于 1929 年创作的《向上》。设计师利用艺术品中几何和声调元素的美感，塑造了展示区的配色风格。

明亮开阔的交流区是家庭闲坐、聚会以及休息的地方

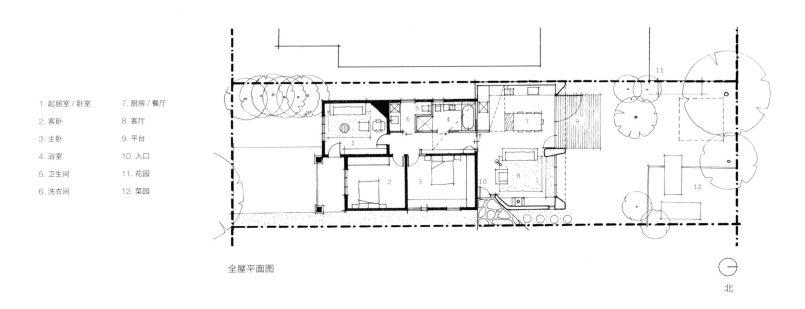

1. 起居室 / 卧室　　7. 厨房 / 餐厅
2. 客卧　　　　　　8. 客厅
3. 主卧　　　　　　9. 平台
4. 浴室　　　　　　10. 入口
5. 卫生间　　　　　11. 花园
6. 洗衣间　　　　　12. 菜园

全屋平面图

北

暖木色的家具中和了墨绿色、黑色等深色调带来的冰冷感

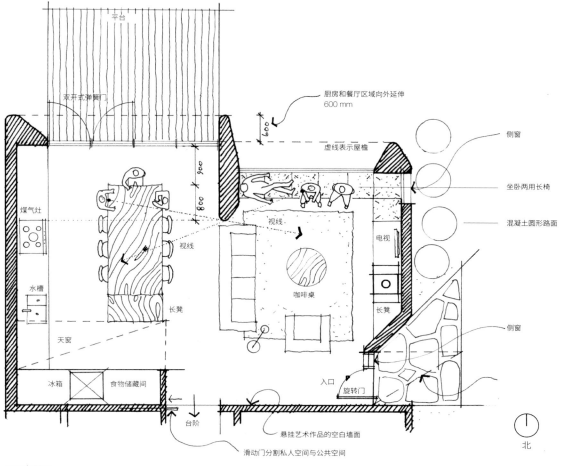

平台

双开式弹簧门

厨房和餐厅区域向外延伸
600 mm

虚线表示屋檐

侧窗

煤气灶

坐卧两用长椅

混凝土圆形路面

视线

水槽

电视

视线

咖啡桌

长凳

长凳

侧窗

天窗

冰箱

食物储藏间

入口

旋转门

台阶

悬挂艺术作品的空白墙面

北

滑动门分割私人空间与公共空间

平面布置图

　　设计理念的核心是创造一个真实反映屋主理性、感性等不同情感的空间。实际来看，就是在新的主要生活空间和远处的花园之间建立更好的联系。

　　屋主很早就打算改造原房屋的后部。该部分延续原有设计，为独立的养兔区域，在视觉上和结构上都与花园不相连。在原房屋居住10 年后，屋主对房屋中他们热爱的和想要改造的部分了然于胸。

　　回想第一次参观房屋，设计师们对屋主种的植物印象深刻，尤其是步道旁郁郁葱葱、爬满常春藤的篱笆和生机勃勃的蔬菜园。设计师们非常期待如何把现有元素保留在改造项目中。

剖面图（南北向）

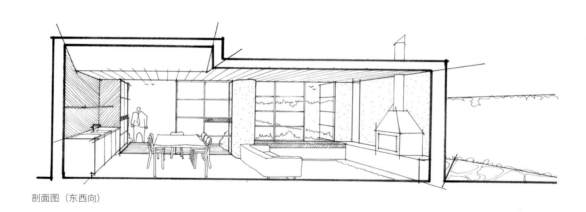

剖面图（东西向）

　　可持续构想的关键点是用少量资源建造能够高效承担很多功能的小体量扩建改造房。设计师们做了简单的变动，使客厅区重新朝北，并引入屋檐设计，夏天遮阳，冬天让光线照进室内。整个空间还能够通过北面的大开口和南面亭阁区的高空开口，实现自然通风。

　　独特的地板处理方法（首层铺砂浆）为双层水泥板浇筑法的实现提供了可能，使房屋保暖效果更好。此外，项目还采用了节能玻璃和可再生木材。

通向原房屋居住空间的入口

极简小公寓

极简朴素的开放式空间，原木色调的电视背景墙和吊柜是最为亮眼的存在

屋主的首要要求是以北欧设计风格为参考，希望拥有极简的生活环境。屋主不喜欢公寓设计充斥过多色彩和过分繁杂的信息，而是主张建筑应该为自己发声。公寓原先为两卧两卫，改造后，主卧面积增大，次卧被改造成大衣橱，同时可兼做主卧的玄关区。原有的一个卫生间改造为主卧玄关区的卫生间，而原本的两个浴室则被合二为一，改造成更大的淋浴区域。

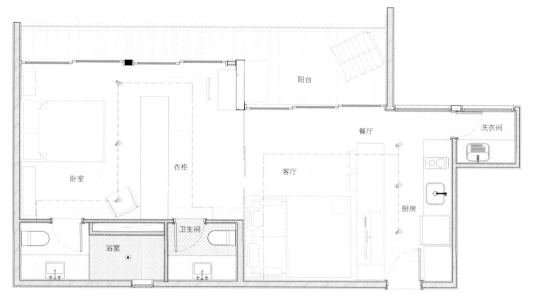

平面图

开放式厨房和客厅之间设有辅助吧台，可以容纳两个人就餐。阳台上的空调机被冲孔金属板遮挡，板上的木架装饰有很多日常植物。为了保证空间的通透性，同时不从视觉上缩小公寓空间，设计师用波点玻璃区分私密生活空间和社交空间，不仅很好地利用了自然采光，而且保证了封闭空间的私密性。公寓设计的选材清爽，比如大面积的白色板材和美国橡木木材，以及用作厨房、客厅、卧室置物架的黄铜管。

从电视柜上延伸出的辅助吧台，具有备菜、用餐、学习、办公等多种用途

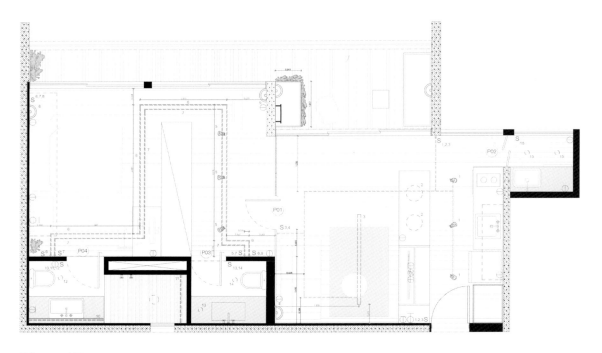

门窗平面示意图

设计师仅保留一半的电视背景墙，确保空间的通透性

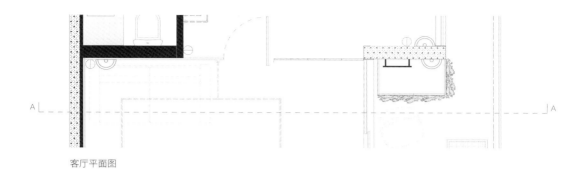

客厅平面图

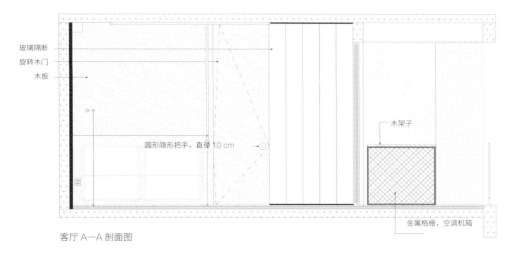

玻璃隔断
旋转木门
木板

圆形隐形把手，直径 10 cm

木架子

金属格栅，空调机箱

客厅 A—A 剖面图

客厅与厨房的全貌

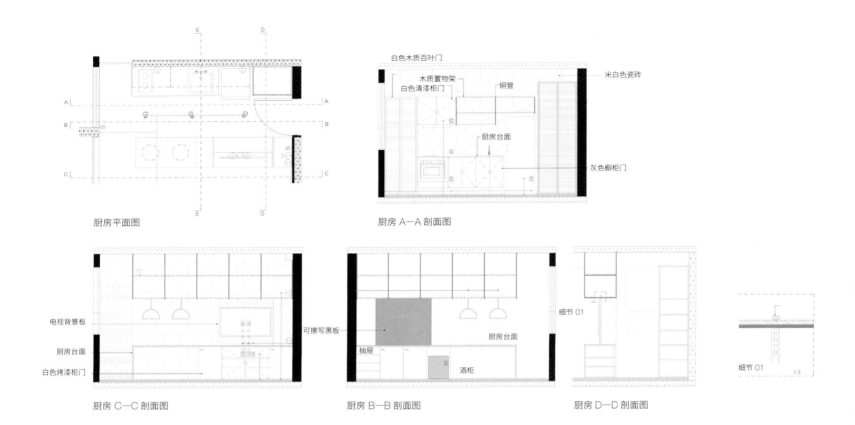

厨房平面图

白色木质百叶门

木质置物架
白色清漆柜门
铜管

厨房台面

米白色瓷砖

灰色橱柜门

厨房 A—A 剖面图

电视背景板

厨房台面
白色烤漆柜门

厨房 C—C 剖面图

可擦写黑板

抽屉
酒柜

厨房台面

厨房 B—B 剖面图

细节 01

厨房 D—D 剖面图

细节 01   1.5

厨房操作区域

入户走廊与厨房融为一体

透明隔断将客厅与卧室分割开

阳台铺就的木质地板搭配上懒人沙发，营造出慵懒舒适的生活气息

　　室内设计与建筑设计的风格统一，采用极简主义以及北欧风格。设计大面积运用了白色、灰色和部分柔和色彩。应屋主不愿空间内容过于繁杂的要求，设计师并未过多安排家具陈设。

　　材料方面，有厨房台面的水泥板材、卫生墙面的白色条形瓷砖、嵌板木材和用作支架的黄铜管。公寓内的灯具全部铺设明线，电路框架也是灯具支架；打开头顶的轨道灯，灯光可通过台面反射，从壁柜到浴室都无比明亮。

北欧风格浓厚的线形铁艺灯具

定制衣柜做隔断

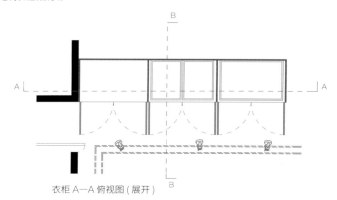

衣柜 A—A 俯视图 (展开)

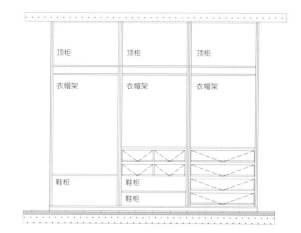

顶柜　　　　顶柜　　　　顶柜

衣帽架　　　衣帽架　　　衣帽架

鞋柜　　　　鞋柜

　　　　　　鞋柜

衣柜 A—A 剖面图

衣柜 B—B 剖面图

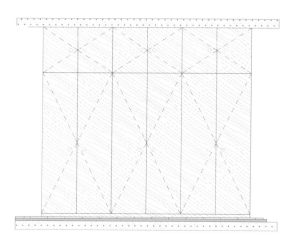

衣柜 A—A 剖面图 (关闭)

低饱和度的粉色与灰色是北欧风格住宅中最常用的配色方案之一

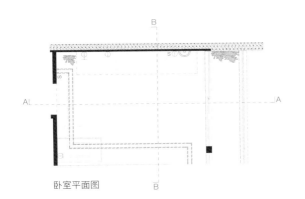

卧室平面图

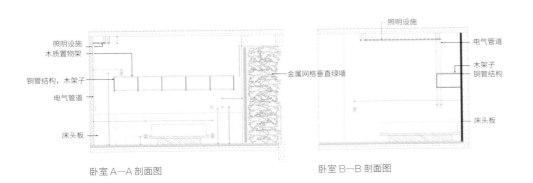

照明设施
木质置物架

铜管结构，木架子

电气管道

床头板

金属网格垂直绿墙

卧室 A—A 剖面图

照明设施

电气管道

木架子
铜管结构

床头板

卧室 B—B 剖面图

卫生间中的经典北欧风格白色瓷砖

现代波希米亚

色彩明亮的开放式厨房

　　现代化、色彩丰富、有质感——这就是本项目传递的概念。设计的主要灵感来源于最受欢迎的时尚教主，波希米亚风格的绝对代表和先驱——凯特·莫斯。波希米亚风格将很多有趣的元素结合起来：流苏、粗针编织、有趣的色彩搭配和大胆的印花，所有元素完美搭配，且注重细节。受凯特的穿衣风格启发，设计师们决定用此风格来塑造本项目，将最多样化的材料和元素结合，兼收并蓄。

厨房视角下的客厅，简约而温馨

入户玄关地面不规则的拼贴设计

流苏、针织和印花元素散发着浓郁的波希米亚风情

　　整间公寓采用橡木硬地板，为之后的室内设计打下很好的基础。客厅的一面墙采用线条装饰，为空间增添了优雅的气质。在餐厅区域，设计师们选用法国设计师 Serge Mouille 设计的台灯，以及来自 Hay 公司极简风格的椅子和餐桌。公寓的其他区域，包括三个卫生间，三个卧室和一个可以当作客房的办公房间。设计师利用占据公寓很大空间的走廊，设置了两个宽敞的收纳壁橱。得益于开放的创作氛围和屋主对 Shoko 设计公司的充分信任，设计师们在该设计项目中收获了愉快的体验。

卧室里运用了多种北欧风格经典元素，芭蕉叶与玻璃瓶的组合，针织流苏以及黑白装饰画等

从走廊望向卧室，深蓝色的背景墙极为抢眼

卧室软装点缀着各种各样的自然元素

儿童房选用低饱和度的粉色与绿色

儿童房的壁纸与家具选用近似色，保证整体色调的统一

卫生间都选用了六角形瓷砖

绿色植物为卫生间增添了生命力

100% 有机自然

以黑、白、灰为主色调的客厅采用了绿色植物进行装饰

　　屋主 Ola 和 Mike 热爱旅行，梦想他们的家是一方平和的净土，是他们辗转多个远方之间可以放松、休憩的港湾。

　　室内设计选用的材料大部分都是纯天然的，比如，原木、石料、棉和亚麻等。原木元素不仅运用于客厅地板，而且出现在厨房一侧的墙面和主卧隔壁的卫生间。设计师们在玄关前做了一个休息区，放置了矮几和座椅，屋主可以在此泡上一杯咖啡，享受片刻的轻松。

　　为了中和整屋的硬朗调性，设计师们添加了白色的墙壁，同时用家具辅以点缀，使空间更加明亮、轻快。在配饰方面，设计师们选用了风格鲜明的灯具，给人眼前一亮的感觉，同时让空间充满格调。整个项目既简约又具有功能性。

极具北欧风格的黑色铁艺家具和藤编软装饰品

黑框玻璃门是半开放式小空间常见的隔断方式之一

玻璃隔断后的休闲空间

造型时尚的玻璃灯具，无处不在的绿色植物元素

贴合空间主色调的灰色储物柜

走廊拐角

卧室里，从墙壁到床品选用了不同明度的灰色

床尾的白色复古柜子也可以与北欧风格的卧室和谐相处

床品细节图

浴室

深灰色的浴室柜将视觉重心压低

光影叙事曲

拱形窗户使室内外的景色融为一体，带来独特的视觉体验

　　由于对公园景观的喜爱，本项目屋主选择了这个新落成的住宅项目，并且在预售阶段就找到设计师们进行设计。屋主夫妻欣赏古典风格，而屋主的孩子偏爱简约时尚的风格。设计师们试图找到平衡点，满足每个人的需求，并且设计出有家的味道的房子。于是，设计回归本项目的先天优势——窗外的公园景观，进而思考居住者如何从各个角落赏景，同时满足每个人的风格需求。

　　在原始的平面格局中，厨房窝在南向一隅，设计师们将其"挪出"，使其与客厅、餐厅结合，打造出开放的空间。设计师们还在空间中设置中岛，使备料工作进行得更流畅。鉴于女主人多元的烘焙兴趣，设计师们设计了简约、大容量的柜体，除满足收纳功能外，整体视觉上也更清丽。在北向靠窗处，为满足男主人欣赏音乐与阅读的需求，设计以一张沉稳的主人椅定义书房，并且设计了可 360°自动旋转的不锈钢电视墙，其后侧还有可悬挂耳机、杂志等物品的孔洞。

如画的风景是最为自然的装饰

欧式线条元素与现代风格家具完美融合

餐厅中墨绿色的背景板可映照出窗外的景色

孔洞板可同时满足收纳和展示的功能

本项目使用的材料包括西班牙白色木纹地砖、古木纹石材桌面、超薄仿银狐石纹砖、水泥、镀钛饰条、白色烤漆玻璃、烟熏胡桃实木等。

古典风格通常是繁复而华丽的，但设计从窗外的景致出发，倾向将整体空间"留白"，以纯粹的白色为底，创造舒心的感受。设计师们选取古典风格的象征性元素，将繁复的线条简化，以现代语汇诠释古典美。客厅墙面以白色为底，但仍可见欧式线条板的设计。设计将原有的黑色窗框打造为拱形，起到柔化空间，引导视线的作用。设计从餐桌、灯具、沙发，一路延伸到窗边的卧榻，形成视觉的连贯性。

白净素雅的开放式厨房，现代风格浓厚

客厅与餐厅的全貌

可 360°旋转的电视墙，一张躺椅满足了男主人的阅读需求

卧室延续了客厅的白色基调

以白色为主色调的卫生间

以白色为主色调的衣帽间

拱形的装饰营造出古典的气氛

卫生间选用干净时尚的黑色调

公共空间以窗外景观为起点,让每位成员都可以专注于自己喜爱的事物。回到卧室,每位家庭成员都拥有专属风格的小世界。主卧室延续客厅的白色基调,与深色木地板的对比增添了空间的暖度。床头背景墙和天花板上象征自然的叶脉造型呼应了窗外的绿意,同时也修饰了存在感强烈的低梁。卫生间则选用白色石材、瓷砖,以金属修边条、灯饰等细节,勾勒出休闲与古典的空间。两间次卧则依孩子的个性安排。男孩房以皮革、金属配件彰显内敛年轻的阳刚气质;女孩房中的设计家具呈现出自然而慵懒的率性。在这个家,每个人都可以找到属于自己思绪的空间。

平面图

胡桃木色与墨绿色家具主导男孩房的整体色调

男孩房中的皮革与金属配饰

女孩房选用同样的胡桃木家具，通过造型简约的金属家具增添精致感

女孩房中的胡桃木色衣柜，简约大气

通透明亮的大开窗设计，将城市天际线融入室内

卢卡斯与凯利是一对热爱烹饪的夫妻，拥有两个可爱的女儿。由于孩子们尚未入学，因此在设计之前，他们提出了开放式厨房的要求，希望在烹饪时也能掌握孩子在客厅的动态，并且希望将客厅打造成为专属于孩子的天地。设计师们格外重视材料的选择，他们运用西班牙复古花砖、木纹水泥板、复古直纹玻璃、黑色烤漆铁件、白色马来漆、德国超耐磨木地板以及爱格天空蓝木纹板打造整个温馨的家。

客厅采用了懒人沙发和圆几等较低尺度的家具，使空间更为通透。客厅天花板则以木格栅做细部区隔，木格栅下方的空间可用作阅读空间。客厅窗外的风景为一家人勾勒出生活的轮廓，亦为无界限空间的设计重点。一回到家，每个人的视线便会不由自主地落在窗外的风景上。窗边打造有舒适的卧榻，让男、女主人可以在此享受美好的时光。

一进门便能看到室外的风景

玄关处以绿色植物元素为主

从餐厅望向玄关，可看到门口的长凳

开放式的客厅和厨房，通过天花板的材质以及地板的拼贴方式区分两个空间

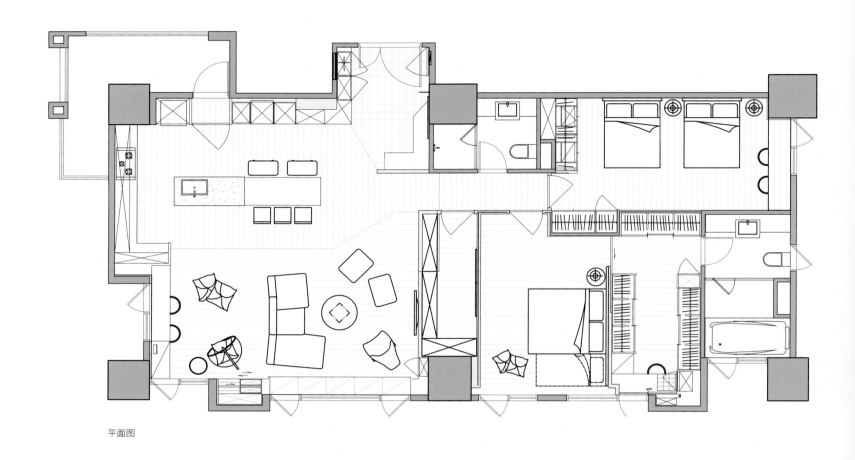

平面图

厨房与餐厅无疑是本项目的一大重点。热爱烹饪的男、女主人，时常一起做菜。厨房岛台和墙面铺贴有黑色马赛克瓷砖，与灰色天花板相搭配。天空蓝木纹板打造的高柜和几盏北欧风格的吊灯，提升了空间的暖度。木质餐桌犹如展开的画布，低调地衬托起每道菜品的色彩。餐厨运用以蓝色为主色调的各种材质，书写空间层次，提升空间的美感与实用性。

黑色岛台与墙面相互呼应

明快的亮黄色儿童房门

餐厅以灰色水泥为基底,与暖木色的客厅形成鲜明对比

床头板的造型与颜色延续至衣帽间的门,将门"隐藏"起来

衣帽间与主卫

经典的北欧风格中性冷色调,色彩丰富但不刺眼

儿童房选用鲜明的中性色调

从远处看，衣柜与房门共同为儿童房带来有趣的视觉变化

趣味十足的衣柜造型

　　为了培养孩子的创造力，设计师们在家的各处都打造了可让孩子创作的基地。譬如，玄关的乐高画作让小朋友可动手拼贴，提高对色彩的敏感度。客厅的黑板墙总绘有可爱的卡通人物，可激发孩子随手涂鸦的兴致。在儿童房中，设计师们将鲜明而中性的蓝色、绿色、黄色运用于房门、柜体，并搭配水泥墙面的灰色，打造出多彩却令人感到安宁的空间。衣柜柜面的趣味造型层架赋予空间一种视觉变化，除了满足孩子不同阶段的收纳需求之外，也可通过物品的摆放，让孩子诉说自己的故事。

御品居公寓

玻璃窗为公寓带来充足的阳光

　　这套拥有三个卧室的公寓位于新加坡西部。新加坡稀缺的土地资源限制了公寓面积，因此只能朝上发展，层高约为 6 m，为设计师提供了向上设计的可能。新加坡当地法律规定阁楼空间必须在一定限度内，因此设计师最大限度地利用空间：楼上区域设计为家庭办公区，楼梯踏步暗藏储物空间。同时，在阁楼底部设计有背景墙，用于存放娱乐设备。

公寓二层为办公区

二层阁楼平面图

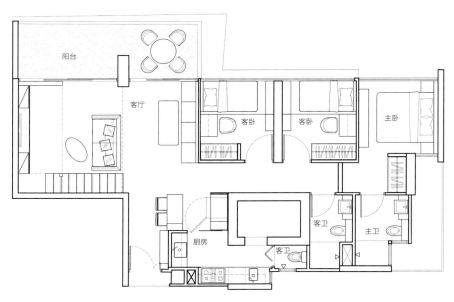

一层平面图

楼梯下的储物空间

电视柜采用推拉式设计，中间悬挂电视，两侧可放书籍

入户玄关

色调明快的儿童房

主卧

公寓在色彩搭配上以沉静的北欧风格色调为主，并采用现代风格的家具，与屋主四海为家的生活方式相呼应。公寓里随处可见的 V 形图案元素彰显了设计的质感，使公寓的中性调性更加有趣。设计师对于细节的追求不仅局限于目光所及之处，公寓的天花板都雕有原创的 V 形图案，为沉静的公寓氛围注入了活力。儿童房设计紧凑，包括配置丰富的收纳空间、书桌和可推拉的床。

总而言之，设计师在功能性收纳需求和令人愉悦的美学设计间寻求平衡，满足了屋主对于家的希冀。

沐色

充足的光线与个性化的玩具展示架

　　屋主希望重新规划这间公寓，扩大空间，充分引入外部的自然光线，突显自然材质（木饰面、硅藻土）的质感。色彩丰富、多样化的家具和灯具结合墙面油漆，营造出舒适的空间。

　　在公寓交付前，设计师就已经决定拆掉书房，将客厅与书房合二为一，同时也引入更多的自然光线。此外，还需要设计一个玩具展示架，打造出个性化的空间。玄关里不同高度的柜体分别有着不同作用，并以个性的复古花砖作为内外区域的分界线。主墙面选用大面积的灰色硅藻土，表面的纹理刻痕带来丰富的质感。开放展示柜与卧榻相连，既是书柜也是屋主收藏多年的玩具展示架，还能充当临时客房。温润的拉丝木饰面强调视觉与触觉的双重感受。卧室背景墙为湛蓝色，搭配挂镜、壁灯和原木色家具，也令人赏心悦目。

可随意变换造型的置物架

大面积的灰色硅藻土和拉丝木饰面反射出柔和的光线

开放展示柜由不同颜色的拉丝木饰面板与浅灰色烤漆面板组合而成

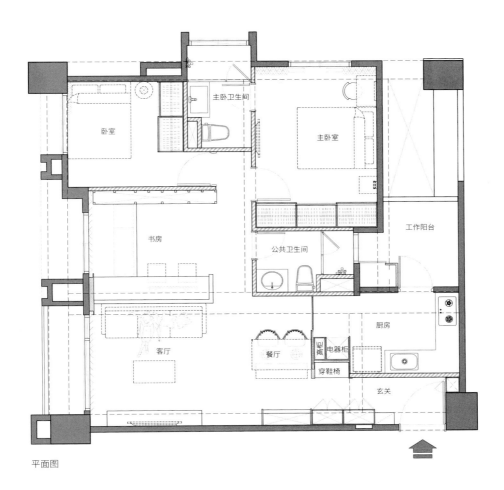

平面图

简洁的电视背景墙

地面铺贴花砖作为玄关落尘区

黑色和红色的餐椅与蓝色皮质沙发为生活增添色彩

湛蓝色的背景墙搭配原木色家具，挂镜和壁灯做点缀

复式公寓

客厅视角下的半开放式厨房

　　本项目俯瞰希腊的塞尔迈湾，是一个属于年轻家庭的温馨居所。设计师翻新了公寓，尽最大可能利用这个 96 m² 的公寓空间：保留公寓的主结构，作了部分改动，从结构上和视觉上增强各部分的联系，为屋主打造出一个功能齐全、温馨舒适的居住环境。

编织花篮与绿色植物

通向卫生间的黑白瓷砖地面采用人字形拼贴

与餐桌平行的柜子

公寓一层为公共区域，包括厨房、客厅、办公室和客用卫生间，二层为两间卧室和主人卫生间。从厨房中岛延伸出金属质地的餐桌，满足每日的功能需求，节省就餐区空间。一扇窗户连接餐厅和休息区，使自然光得以从四面照射进来。楼梯下面为封闭空间，装饰以深色天然材料，搭配有玄关长凳、电视柜和额外的收纳空间。

卫生间洗手盆

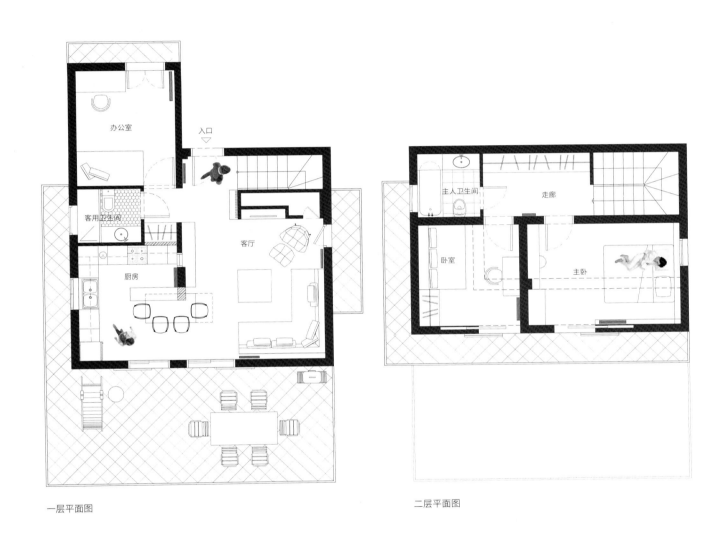

办公室

入口

客用卫生间

客厅

厨房

主人卫生间

走廊

卧室

主卧

一层平面图

二层平面图

半开放式厨房，餐桌嵌入墙内

厨柜的湛蓝色，与白色、灰色相间的操作台形成鲜明对比，与绿色和蓝色的细节设计相得益彰。

楼梯和玄关长凳

浅绿色床头板

沿金属楼梯扶手来到二层,地面采用黑白人字形拼贴的瓷砖,一侧配置有壁橱。走廊尽头,金属框架玻璃门将视野引向卫生间。主卧的暖色木质家具、深色金属装饰细节和浅绿色床头板,呼应了公寓设计的风格。

卫生间细部设计

斯堪的纳维亚

粉色与灰色搭配，创造出两性都适合的空间

　　屋主希望在设计中加入一些北欧元素，创造出一个视觉开阔的、以粉色为主的空间，并希望能有充足的收纳空间，同时希望卧室配有衣帽间。设计师在格局上做了简单的调整，并通过家具配置，使视觉效果更加通透。家具大多是由屋主自行购入，再交由设计师做配置整合。整体设计用粉色与柔和的灰色相搭配，利用家具和色彩搭配出既温润又不过于阴柔的空间。在平面规划上，设计师拆除原沙发后方的墙面，将书房空间释放出来。厨房也被更改位置，将餐厨整合在一起。卧室由三个变成两个，加大主卧并设置了衣帽间，另一个房间则成为预留的儿童房。

　　因屋主物品较多，设计师在收纳上也下了不少功夫，不仅依照动线和墙体做收纳，还尽量利用了屋主购买的层板及铁架，整合出开放式的置物架，在展示屋主品位的同时满足收纳需求。

蓝色电视柜成为空间最亮眼的存在

　　客厅使用特殊的灰色涂料装点电视墙，与屋主自行购入的进口灰色沙发相呼应；蓝色电视柜与屋主挑选的五金把手相搭配，成为客厅中的亮点。天花板及地板部分使用浅色木料斜式拼接，营造出北欧风格的氛围。

　　开放式阅读区于客厅后方延续，收纳展示柜的黑色、灰色与浅粉色色块使柜体产生层次感。其中摆放的屋主的收藏品展现出屋主丰富的生活经历。

　　餐厨空间以材质为界线，抽烟机与吊架的结合打造出餐厨的质感。设计师在侧边墙面设置了木质冲孔板展示墙，配以较窄的层架供屋主展示小物件或喜欢的杂志。木餐桌则从中岛延伸出来，并在餐桌立面辅以跳色的六角砖，满足了屋主对北欧风格元素的喜爱之情。值得一提的是，从玄关延伸至厨房的柜体用大理石与金属饰条包覆，让屋主用餐时更多了优雅的感受。

平面图

开放式厨房与客厅和阅读区相对

厨房尽头安装了便于收纳的木质冲孔板，用于展示与收纳

利用垂直空间收纳物品

抽烟机与吊架结合，将操作台移到空间中间，打造餐厨质感

粉色和灰色的色块从墙面延伸至房门

粉色和灰色为主的卧室

灰色墙面让卧室更加立体

梳妆台与衣帽间平行,动线合理

明媚的阳光照射进衣帽间

　　设计师在主卧天花板的最高点往左右向下延伸,创造出斜屋顶的视觉效果,一是让卧室空间从视觉上变得更高、更大,二是满足屋主想要体现的乡村感。墙壁在延续公共区域色调的基础上加深一个色阶,以几何方式的切割营造出自然、舒适的氛围。为了能让卧室空间显得更立体,设计师大胆增加灰色墙面的厚度,以突显色调运用上的巧思。衣帽间柜体利落的线条与金属单椅展现出女主人的气质。

原木北欧宅——破光

书房与客厅融为一体

　　本项目是一个拥有四十多年历史的老公寓，屋主在这里长大，每个角落都有着他深刻的回忆。 老公寓存在漏水、墙面脱落、格局不合理、采光受限等问题。因此，屋主希望能在重新审视生活的基础上，调整格局，作为结婚新房使用，以崭新的面貌迎向新的生活。

　　设计师接手后，重新规划了原有空间的属性分配，通过平面规划改造，让各个灰暗的角落重新获得光的照耀。设计师将封闭的厨房和小卧室打开，让厨房、餐厅、客厅和书房全部合成一个开放的空间，从视觉上增强空间感，使整体空间更为通透。起居室和卧室也被重新配置，获得了更充足的收纳空间。

半高的电视墙后方为书桌，整体空间更为通透

　　设计利用柜体与间接光，搭配六角砖铺贴的地面，重新定义玄关空间的端景。厨房与餐厅规划为开放式，中岛台面与餐桌结合，成为开放的烹饪空间，转角处则用黑板墙作为装饰。设计顺着空间轴线让客厅与书房的界线对齐，延伸景深，创造出更宽敞的视觉效果。半高的电视墙后方设计成书墙与书桌，整体空间更为通透。

空间的整体色调以温润的大地色系和奶油色系为主，家具柜体等细节之处则选用黑色、白色、灰色的烤漆材质，同时辅以绿色、红色以及蓝色的家具做点缀。本项目主要用到的材料有拉丝木饰面、木地板、烤漆以及六角砖等。设计削弱主灯的作用，以轨道灯、GRAS N° 215L 升降悬臂立灯等小灯作为光源。

玄关处使用六角砖铺贴地面

中岛台面与餐桌结合

客厅无主灯设计，以射灯和立灯为主

悬空的电视柜增加了空间通透感

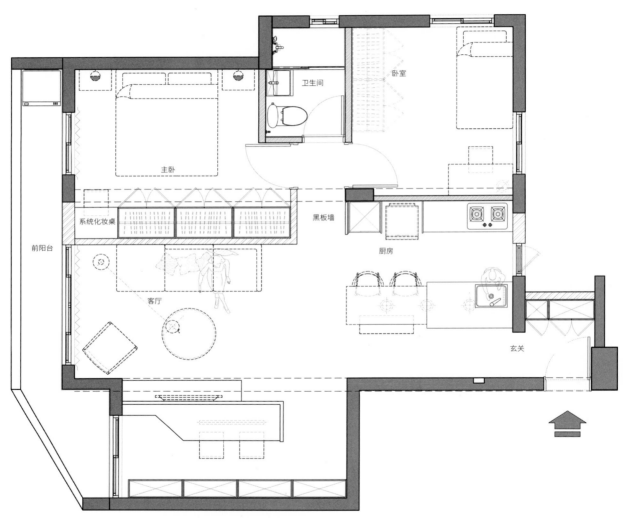

卫生间

卧室

主卧

系统化妆桌

黑板墙

厨房

客厅

玄关

前阳台

平面图

展示柜满足了收纳需求

暖色灯光为卧室营造温暖的氛围

静心文汇——纪宅

干净简洁的沙发背景墙，定制的柜子满足了收纳需求

　　本项目的屋主是一对父母，有一个女儿和两个儿子，三个孩子都还在上学，他们都喜欢开阔的客餐厅。因为家庭成员众多，所以也需要充足的收纳空间。还有一个特别的要求：卫生间的门不能对着餐厅以及主卧室。

　　本项目的原始结构为四室，屋主希望将其中一室改造成男主人的书房。设计师们在沟通时了解了屋主的需求，发现他们其实不需要独立的书房，因此将书房功能结合在卧室中，拓宽客厅的面积，使小孩的活动空间更加宽阔。为了使小孩多彩的物品在这个空间中更加和谐，设计选用温暖、干净的主色调，同时添加隐藏式灯光用于照明。

通透明亮的客餐厅

平面图

开阔的空间便于孩子日常活动

入户门厅

客厅、餐厅一体化设计，动线更为流畅

卧室门口设计了一个阅读区域

电视背景墙后的走廊，右侧为充足的收纳空间

卧室门口的阅读区域

本项目以爱为出发点，打造属于孩子的空间，也表现出父母对于给孩子一个快乐成长的空间的期望。"屋中屋"的概念跳出室内规划的既定模式。在屋内打造了一个如树屋般的活动空间，将白色柜体部分挖空，综合了书桌、置物柜、游戏区等功能，成为孩子们阅读、游戏的基地。细腻的设计造就了父母与孩子的同乐空间。光源的设计呈现日光般的效果，与木质地面和原木矮桌共同构筑出一片自然景致。

将大片柜体挖空，仿佛在树洞中探索

设计师将桌子、储物柜和游戏区的储物空间相互融合，为空间增加更多实用的设计。灵活的设计能够让大人随时和孩子互动，而孩子们也有属于自己的空间。除了可以看到设计的独创性，从细节之处也可以感受到父母对孩子的爱。

主卧中除了保留完整的收纳区域外，亦特别规划出一条从卧室通往客厅的一字形动线。平时会将卧室门打开，让还在学龄期的孩子们能在家中任意奔跑、玩耍。

主卧与客厅遥遥相望，让大人可以随时与孩子互动

床体与墙面皆采用清新、沉稳的绿色调

主卧里的梳妆台

美丽大湖——许宅

客厅风格简单利落

　　屋主希望整个空间的风格简单、利落，因此设计师们利用金属柜体、喷漆白墙及磨石瓷砖等材质作为空间的基底，同时呈现出未来感。另外，屋主对采光的要求较为严格，设计师们通过空间的重整，将餐厅、卧室、书房的动线连贯在一起，打造出一个具有通透感与流动性的空间。设计将光线引入原本采光较差的餐厅，同时打造出一个适合宠物与人共享的空间。设计师们还为屋主心爱的宠物量身规划，在地板及墙面的材质选择上皆以耐磨性为出发点，还在卧室旁设置了方便宠物出入的门片，这些细腻的心思与设计手法深受屋主喜爱。

从餐厅望向客厅，铁艺置物架成为全屋最亮眼的存在

为优化空间，设计师们将电视柜与岛台相结合

铁艺置物架

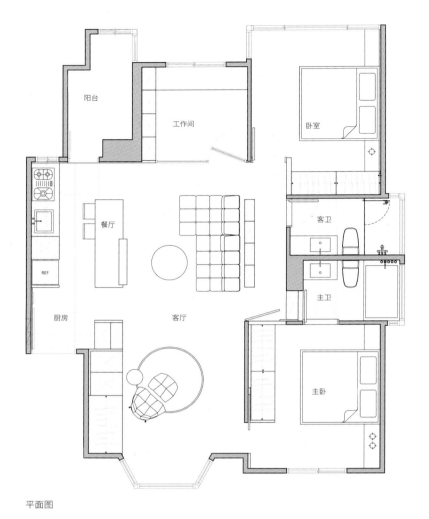

平面图

专为宠物定制的通道

阳光充沛的工作间

从客厅望向厨房，左侧为收纳柜，右侧为开放式厨房

客厅尽头飘窗处的阅读区域

纯白色的背景墙塑造出美术馆的意象

安静的阅读区域

拉丝不锈钢，质感十足

主卧整体为黑白色调，并以亮蓝色作为点缀

本项目最大亮点是将 80% 的面积规划为开放空间，保留 20% 的私密空间。设计使光线可以穿透整个空间，并将动线串联起来，赋予空间多变性与弹性，可以随着居住者的需求做调整。

纯白空间与单纯线体柜架的搭配，塑造出美术馆的意象。设计用画作点缀留白的墙面，使这里可依照居住者的心情做不同的调整，为居家环境带来丰富的空间体验。

大面积黑白色块让卧室显得干净、简洁

主卫

客卫

尘世家庭殿堂

阳台与客厅相连，单独开辟一个阳光房，打造出一个俯瞰城市美景的观景台

　　本项目坐落于巴塞罗那市中心，毗邻西班牙著名设计师安东尼·高迪设计的圣家族大教堂，拥有仰望该建筑的绝佳视角。屋主希望将公寓改造成一个简单、质朴，更为生活化的空间，适合他们的日常生活。

　　设计师将阳台打开，让屋主拥有一个能享受美妙城市景观的大露台。室内设计完美地混合了北欧风格与地中海风格，为这三口之家打造了一个理想的城市栖息地。

开放式厨房

从客厅望向阳光房

111

厨房岛台成为空间的视觉中心

阳光房

从阳光房看向阳台

阳光房

客厅

厨房

书房

餐厅

客卫

主卫

儿童房

阳台

主卧

平面图

从阳光房望向客厅

可以享受城市美景的阳台

厨房与客厅通过不同的材质与花纹作区分

开放式厨房，墙面用六角形瓷砖拼贴

地中海风格的卧室

儿童房

卫生间

沐木

中式风格与北欧风格的折中设计

　　本项目的屋主是一对新婚夫妻。女主人喜爱中式风格的深色木质色调，而男主人更青睐北欧风格的浅色木质色调。经过设计师与屋主的沟通，设计最终采用中性木质色调。全屋以木质颜色为主调，墙壁、地板、柜体、陶瓷瓷砖等选择了不同程度的灰色，以凸显空间的层次。

主卧的屏风

公共区域搭配和谐的色彩是设计师最满意之处

灰色背景墙下，设计选用低饱和度的浅绿色沙发

同色调的地板与柜体相得益彰

设计师在改变了几处空间布局后，增加了开放空间以连接各处。鉴于屋主对于开放式厨房会产生油烟的担心，设计师用玻璃推拉门完美解决了。

玻璃推拉门优化了厨房采光，并在视觉上扩大了空间。公共区域的色彩搭配独特、和谐。中式风格和北欧风格的和谐统一为屋主所接受。中性木质色调不会给人沉重的感觉，射灯的运用更增强了空间的层次感。

玻璃推拉门保证了公共区域的通风与采光

书房同时兼作卧室，满足多种用途

高低错落的收纳格子，增强了空间的层次感

床侧安装有屏风，在屋门打开时，有助于保护屋内的隐私

次卧

大面积的灰色色块与木色床头柜成为经典的搭配

爱与陪伴

大理石与经典家具的结合营造出浓厚的北欧风格

通过与屋主的对话，了解了他们的生活后，设计师把沉稳、内敛的深色木材用到明亮、通风的新家，再搭配些灰色材质，营造出放松、平静与舒适的氛围。

屋主是一位工作繁忙、压力极大的医生，希望能拥有一个给家人遮风避雨的空间。设计师以北欧风格为出发点，以格局的设计和色彩的运用为这个家的成员们打造出一个舒适的生活空间。

由于屋主的孩子年纪尚小，他们希望这个空间在孩子长大后依然适用，因此设计师减少硬装的配置，改以大量可移动的家具来打造家的氛围。软装布置也可以由屋主轻松调整。

浅灰色大理石纹背景墙为空间增添了质感

柔软的淡蓝色沙发搭配经典的铁艺边桌

在沉稳、内敛的深色木饰面衬托下，蓝色家具起到画龙点睛的作用

平面图

明亮的瓷砖倒映出十字形的造型，搭配嵌灯设计，创造出新的视觉亮点

整体设计以淡雅色系为底，打造出一个宽广、舒适的空间。蓝色的餐椅和沙发起到了画龙点睛的作用，也活化了整个空间，更让各个空间相互呼应，达到和谐的效果。

家人们可以惬意地坐在客厅沙发上享受阳光，也可以到后方的书房享受阅读带来的快乐。书房窗下的卧榻区可以让其他成员加入，或坐或卧，自由地在书房内活动。客厅的另一边是餐厅，用木材打造的橱柜传递出沉稳、温润的质感，衬托出纯白的中岛与餐桌桌面。餐桌上的造型灯具也成功地吸引了人们的目光。

收纳区拉门背后是储藏空间，摆放着高尔夫球具，开放部分则摆放着一些收藏品。灯光的设计让人的目光都聚焦在开放的部分，而不会注意到收纳区的隐藏部分。

餐厅里选用了风格多样的椅子

客厅与书房连通，方便家庭成员自由活动

沙发背景墙的背后设计成书架

窗下的卧榻区，屋主可在此惬意地享受生活

卧室中低饱和度的墙面、淡雅的床具，搭配纯净的白色床头，简洁但又不失高雅

设计将墙面的装饰简化到极致

蓝色儿童房，为孩子打造一个梦幻的天地

互动的快乐家

开放式布局，让家长与孩子随时保持互动

　　对于有小孩的父母来说，家不只是放松的地方，更是与小孩互动的空间。在这个三口之家的住宅中，封闭的厨房被改造成开放式设计，让妈妈在烹饪时也能与家人互动；游戏室换上通透的玻璃门，让家人在沙发上休息时也能看到小孩，并随时展开一场亲子游戏。原本狭长的走道在经过格局调整后，变短也变得更明亮。餐桌上方的斜顶设计从视觉上放大了空间。整体设计开放通透，为这个家注满愉悦的氛围。

餐厅的斜顶设计从视觉上放大了空间

从餐厅望向客厅

餐厅背后开辟出一个小书桌

开放式的厨房设计

儿童游戏室的玻璃门设计，让家人在屋外也能看清孩子的动向

游戏室设计简单，可按心情和需求添置家具或玩具

135

主卧屋门采用隐藏式设计

走廊右侧为游戏室，尽头为次卧

充分利用垂直空间满足收纳功能

主卧

次卧内陈设简单，在满足学习和休息的需求之外，没有多余的装饰

开放式设计为公共空间带来多面采光

　　本项目是一个会呼吸的空间，也是即将退休的屋主夫妻心中所向往的生活所在。在格局上，设计师将四室改为三室，扩大厨房空间及主卧室，并创造出开放性的空间，使公共空间也拥有了多面采光。

　　本项目原有格局较为封闭，空气不流通，采光较差。设计师将书房设计为开放空间后，从视觉上将空间放大，也使空间获得更佳的视野。

　　针对原有厨房过小的问题，设计师牺牲一个小房间，将其分配给厨房以及主卧的更衣室。而为解决电视墙面积较小的问题，设计师利用隐藏门增加电视墙的宽度。

入户玄关处的六角形瓷砖层层递进，向室内延伸

玄关鞋柜为双面柜，由它隔出玄关空间

玄关处的换鞋凳

入户玄关

宽敞的厨房提升了生活的幸福感

设计师们将客卫门改为隐藏门，改善了餐厅正对着卫生间的问题

书房门改为对开的铁艺大门，让空气能够流通，同时光线也能够照射进来

电视背景墙点缀有大理石纹路

主卧门为隐藏门，增加了电视墙的宽度

餐厅上方悬挂的黄铜灯具提升了空间格调

特意打造的湖蓝色壁龛，可随手放置物品

主卫

书房窗边的休息区，既具备装饰功能，又具有收纳功能

平面图

设计师利用高低差，增加了卧榻的功能

客厅窗口面向河景

光·寓

整体设计是以浅色橡木元素为主导的北欧风格

　　本项目的屋主对极简主义风格且功能齐全的空间设计充满热情，设计师们创造性地合并了空间功能，精心设计出温暖的家，供这个人口逐渐壮大的家庭一起生活。基于此宗旨，设计师们以北欧风格为灵感，运用浅色橡木等自然元素、收纳系统健全的极简风格家具、细节上的中性或柔和色彩，来设计这个都市居住空间。

　　公寓面积为 94 m²，包括三卧两卫、开放式厨房、客厅和餐厅区。设计师们改变了厨房的原有位置，为孩子增加了第三个卧室，并从设计上将公寓分成两个区域：私密居住区和靠近玄关的公共区。本项目主要用材为浅色橡木，利用灰色、白色和蓝色的装饰物加强对比效果。固定式灯具结合黄铜抛光灯罩，营造出现代、清新的氛围。

餐厅悬挂着造型简单的几何挂画，用色与整体空间保持统一

纯白的开放式厨房与餐厅相对

纯白色调的厨房，细节处点缀有橡木元素

　　步入公寓，首先映入眼帘的是客厅和餐厅区，阳光从两扇落地窗射入，定制家具在阳光的照耀下显得线条分明。两扇阳台门之间，重新设计过的壁炉由深色天然 Kourasanit 材料涂层装饰，与其他自然浅色系形成对比。设计师们在壁炉旁设置了休闲区，坐凳下为隐蔽式储物空间。厨房的主色调为白色，点缀有浅色橡木元素，打造出放松的开放式空间，让整个家庭可以在其中享受每日的时光。

深色调壁炉与浅色调空间产生鲜明对比

浅蓝色 V 形拼贴的条纹瓷砖，洗手池配有橡木材质的搁架

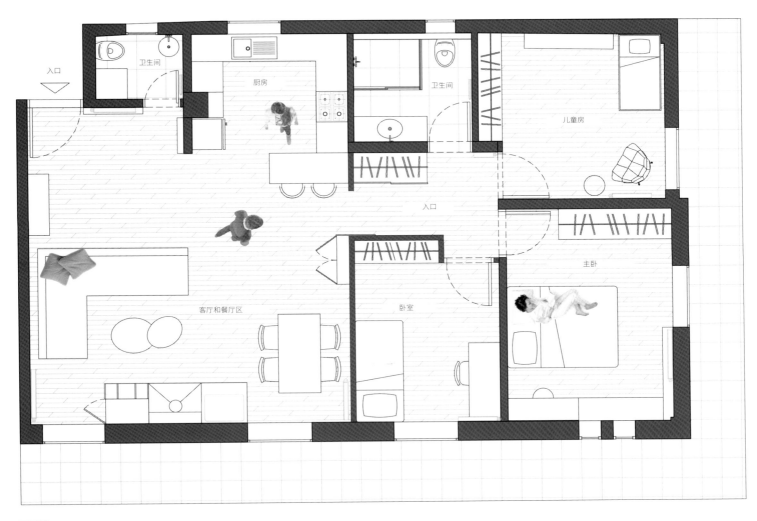

平面图

浅绿色与淡粉色搭配的床品

儿童房的墙面绘有灰色和蓝色的图案，壁灯为定制的气球形状

墙面的仿石质纹理，烘托出低调奢华的精致氛围

　　本项目原有四个房间，屋主希望将公共区域拓宽，以拥有开阔、敞亮的空间。设计师将一间房间完全打开，一是规划成半开放式的书房，并通过合并的设计手法，将书桌与餐桌融为一体；二是运用弹性流动的隔间创造出"回"字形的循环空间，增添生活的趣味性。书房也成为空间的中心，与周围的空间形成串联。在四通八达的动线下，空间被充分利用，自然光也能在室内自由穿梭，明亮、开阔的感觉立刻浮现。

　　考虑到屋主偏爱沉稳的深色系，设计师以仿清水混凝土材质为基底，延展出质朴、安静的灰色地带，辅以仿石质纹理，将空间装点得如诗如画，烘托出低调奢华的精致氛围。为增加色彩的变化，设计穿插清透、素雅的白色石材。石材在自然光的催化下，展现一明一暗、一亮一雾、一远一近、一前一后的反差之美，空间氛围顿时鲜明起来。

人造石台面与仿石质纹理墙面相互呼应

餐桌与书桌设计成一个整体，以合并的手法相互延展，拓宽空间

玄关过道

亮蓝色餐椅和矮凳在黑色、白色、灰色的整体基调下，显得清新、自然、活泼

从走廊望向书房

餐厅与书房融为一体

化妆桌

主卫

客卫

卧室

卧室

主卧

书桌

书房

工作阳台

阳台

FIX

餐厅

客厅

厨房

REF

玄关

平面图

A.K.I. 公寓

设计在干净温暖的基调之上，以亮黄色做点缀

"陪伴、坚持、理想"是这间公寓想要传递的主要信息。因此，在北欧风格的设计基础之上，设计从选材到配色都以干净和温暖为基调，运用文化石、铁件、木质家具以及造型喷漆等打造整个空间。冷色与暖色、刚硬与柔软的对比，为空间增添更多活泼的生活气息。

设计使用简单的几何插画做装饰

平面图

亮黄色的运用为空间增添了活力

主卧设计采用粉色和蓝色进行对比，给人带来视觉冲击

次卧

衣帽间

适当的黑色调，让纯白的空间更显沉稳

设计师希望以温暖的设计让住在这里的人享受到美好与舒适的生活。由于受到空间的限制，厨房设计成半开放式的结构。书房里，桌前的墙壁被替换成玻璃，为室内引入足够的光线，降低小空间压抑与拘谨的感觉。

玄关处，挖空收纳柜的中间部分，在保护隐私的同时又不影响日常收纳

客厅视角下的餐厨空间

三盏工艺灯营造出温馨的就餐氛围

动线合理的操作台面

用玻璃隔出的书房

床头背景墙延续木纹效果，木色、白色营造出温暖舒缓的氛围

平面图

优雅的行板

开放式餐厅与客厅相连，打造出明亮的空间感

　　"行板"是音乐速度术语，其缓慢的速度中带有一种优雅的情绪，于此指代一种舒服的生活节奏。

　　这间公寓是妈妈和两个女儿的幸福之家，也是属于现代女性的一个可以放松身心，回归安静的私密空间。连贯的客厅、餐厅、厨房和工作室，搭配柔和的色彩，明亮通透的空间，整体洋溢着优雅与舒适。纯白与玫瑰金铁件的组合，搭配生机勃勃的绿色植物，不仅充盈着女性的优雅，也为生活注入了自然活力。无论是工作还是生活，设计师都希望以此空间倡导优雅的慢生活。

大面积的落地窗为室内带来充沛的阳光

布艺沙发和地毯营造出温馨的家庭氛围

开放的格局，人性化的动线与综合功能，更加注重生活的舒适度

生机勃勃的盆栽装饰

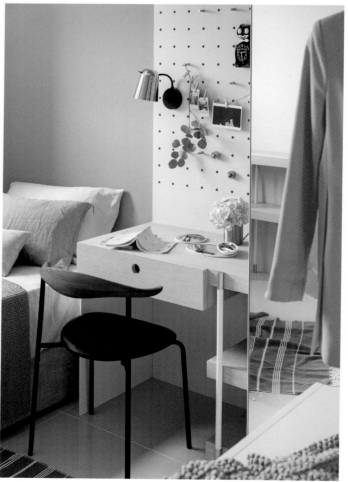

极简的书桌一角

床头茶几的颜色依据整体设计风格选择，简单和谐

低饱和度的灰色，营造出安稳、舒适的氛围

干净的黑、白、灰色调，给人以纯净的视觉感受

　　走遍世界各地的屋主，看过无数的风景也住过不少的房间，但最令他欣赏的依然是简约却很有质感的氛围。设计师们刻意将彩度降到最低，唯一有的颜色是回忆中的蓝色。造型设计也极为简约，唯一有的造型是回忆中屋顶的斜线。这些斜线不仅代表回忆，也代表着来自不同文化背景的新婚屋主在未来将会交织出独特又和谐的生活。

　　设计师们利用不同角度的直线构成一个平面；利用不同高度的平面构成一个元素；利用各个不同的元素构成一幅画。这幅画代表两个截然不同的人所交织而成的故事，不同角度的放射线超越限制彼此交织，当一切不再只是垂直或水平，空间就不再只有一种表达了。

造型前卫的不规则柜门

舒适的布艺沙发，满足所有的慵懒

纯白色的茶几与餐桌十分亮眼

回忆中的蓝色是整个空间最为独特的色彩

简单、干净的儿童房

灰色调的主卧

深灰色背景墙搭配纵横交错的线条，营造出空间感

宽敞、明亮的浴室

客厅、沙发、餐厅面向中心，扩大了活动空间

　　本项目为楼龄二十年的多层公寓翻新。经过沟通讨论，设计师们了解了屋主的改造意向。他们希望将这里设计成梦想中家的样子。女主人希望拥有配备岛台的宽敞厨房，让她从容准备美食而不必忍受油烟的煎熬。男主人则希望拥有开放式客厅，平时可以邀请亲人、朋友在家小聚。

　　公寓原本的采光条件较差。因此，设计师们打掉了原先的实心水泥楼梯，代之以钢材框架与木质踏板组成的镂空开放式楼梯。阳光从二层窗户照进来，穿过玻璃步道和镂空踏板照进公寓底层。此外，设计师们在底层增加了间接照明和射灯，创造出温暖、舒适的休闲氛围。

岛台台面之下隐藏着女主人心爱的厨具

百叶窗透光性强，带来富有层次感的光影

设计师将二层安排为家庭生活空间，保证私密性；一层则作为社交娱乐的开放空间。为了最大限度利用楼下空间，设计师们移除了隔墙，改变了原先的楼梯位置，并最大限度地压缩了电视墙尺寸。重新调整后的客厅沙发、厨房和餐厅面向中心，扩大了活动空间，使主、客在同一屋檐下更好地互动。厨房的隐藏门可以通向储物空间、卫生间和公寓后阳台。这些设计呼应了将一层定位为社交娱乐空间，二层为家庭生活空间的初衷。

室内陈设及色彩搭配以中性色彩为基调。墙壁、瓷砖、石质岛台台面采用暖白色，珐琅盘子体现了设计感，磐多魔地坪与多个木质柜体相互呼应。此外，设计师们选用不同颜色的家具，与屋主自有的多色系列铁锅搭配，体现了简约、休闲、放松的生活格调。

楼梯拐角处的休息区

174

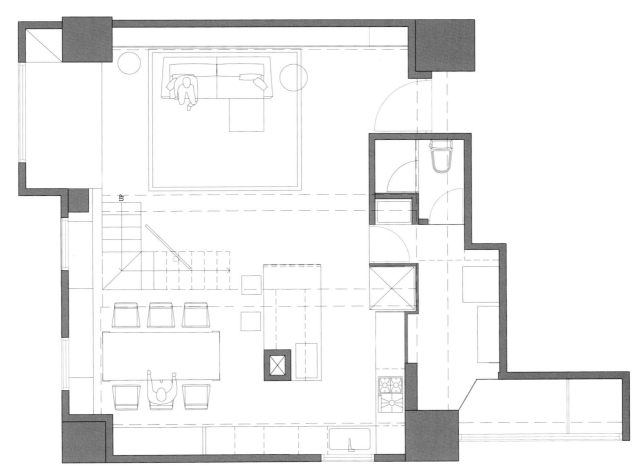

一层平面图

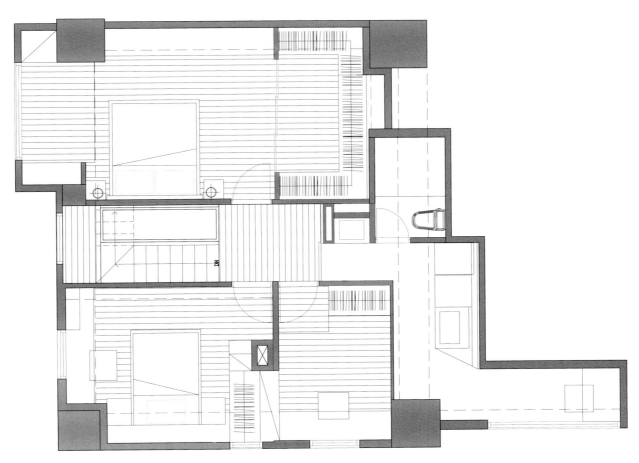

二层平面图

餐厅区域的大部分台面以木质材料为主，质朴又温馨

开放式厨房与独立岛台的结合，方便邀请朋友在家小聚

铁艺床头灯线条感十足

卧室一侧的休闲区

Joan

水泥原色墙突出硬朗之感

　　水泥原色墙面、深色地板、有设计感的家具、极简风格的厨房和卫生间，以及点缀各处的金色质感装饰
使这个充满独特风格的公寓满足了屋主 对于家的所有需求。

沙发后的窗台设计加宽，可随手放置物品，也可依靠在这里欣赏风景

客厅整体以深灰色为主色调，低饱和度的墨绿色沙发为空间增添了少许色彩

简约的白色落地灯，既美观又实用

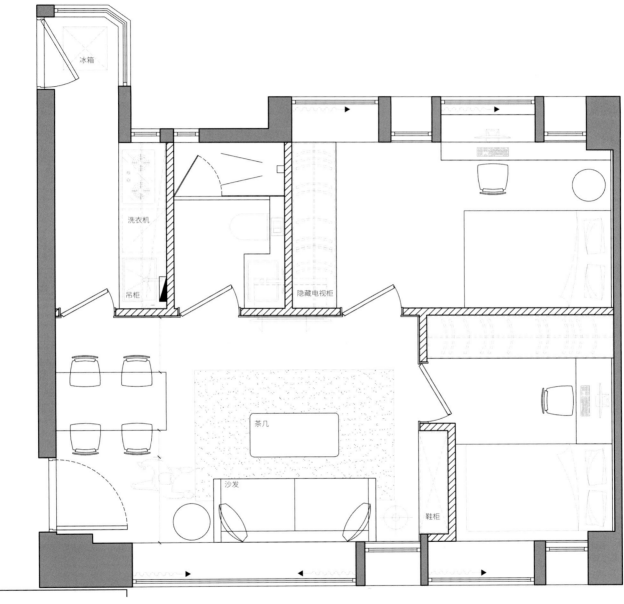

冰箱

洗衣机

吊柜

隐藏电视柜

茶几

沙发

鞋柜

平面图

181

黑色墙面与白色床品搭配，使空间并不显压抑

卧室延续设计的黑、白、灰色调，并以绿色作为点缀

百叶窗的使用，为屋内带来极具层次感的光线

大理石台面呈现出独一无二的气质

窗台向屋内延伸，充当书桌功能

从客厅看向卧室

纯白空间

全屋以简洁大气的白色为主，加入些许质朴的木质元素和暖色做点缀

　　白色与原木色的组合是北欧风格最为经典的搭配方案，透露出干净、整洁的空间氛围。上下两层的 loft
结构布局划分出公私两个区域，方便屋主日常的工作与生活。

白色与原木家具的结合，打造出自然、淳朴的空间

干净整洁的开放式厨房

开阔的布局

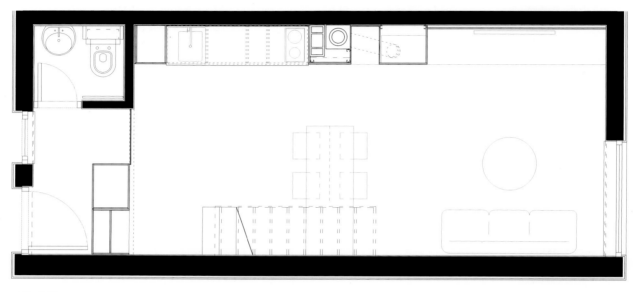

一层平面图

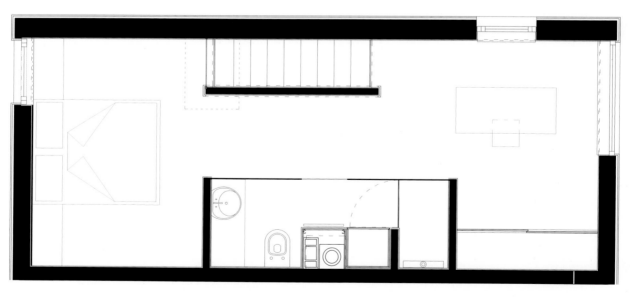

二层平面图

186

二层卧室的风格简单温馨

二层书桌面向巨大的落地窗

浅灰色空间传递出冷峻之感，红色家具的点缀尤为抢眼

　　这栋 240 m² 的复式公寓，是一对从业于高科技领域，即将迎来新生儿的年轻夫妇的家。设计师对房子
进行翻新改造，翻新了包括客厅、厨房、主卧、客卧、儿童房和休闲区在内的复式空间，将其打造为色彩丰富、
设备现代化的适合家庭居住和亲友来访的空间。

原木灯罩与墨绿色墙面形成强烈对比

水泥墙面为空间带来工业风格触感

公寓一层为社交娱乐空间，设计师选用浅色橡木地板和几何图案墙壁装饰创造出年轻的现代化美学体验。夫妻俩喜欢放松娱乐，因此，设计师在客厅选用大的组合式沙发，并定制餐厅吧台来满足其需求。餐厅墙面直接采用水泥材料，强化了工业风格的触感。

便于移动的铁艺边几

白色小圆几，造型简单，功能实用

玄关设计有黑板墙，夫妻俩可以每天在黑板上互相留言

组合式沙发，舒适感十足

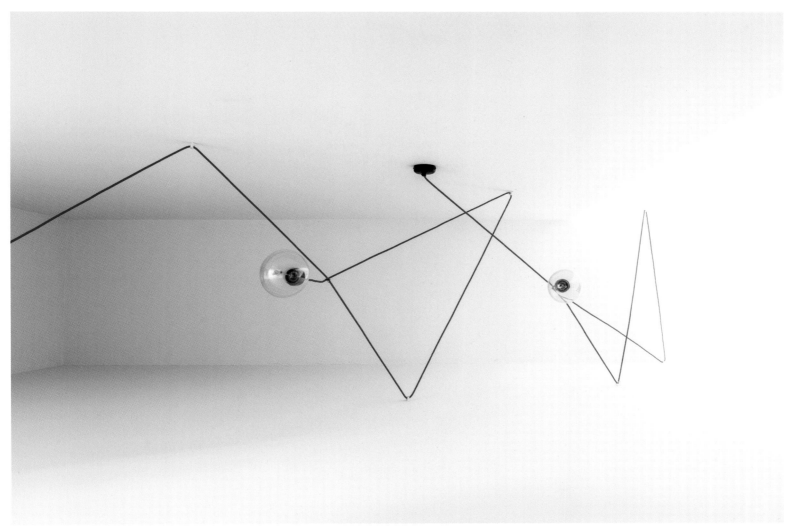

原有楼梯非常狭窄，且天花板很高，为平衡楼梯比例，设计师在高墙之间装饰了红色绳索吊灯，从视觉上降低天花板高度

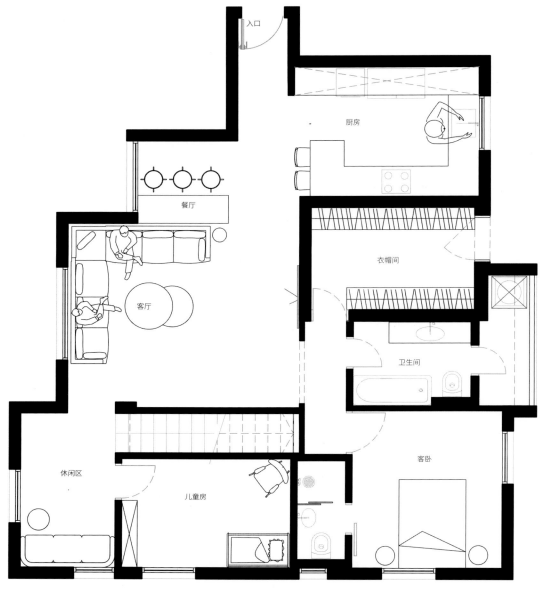

入口

厨房

餐厅

客厅

衣帽间

卫生间

休闲区

儿童房

客卧

一层平面图

不规则线形的吊灯

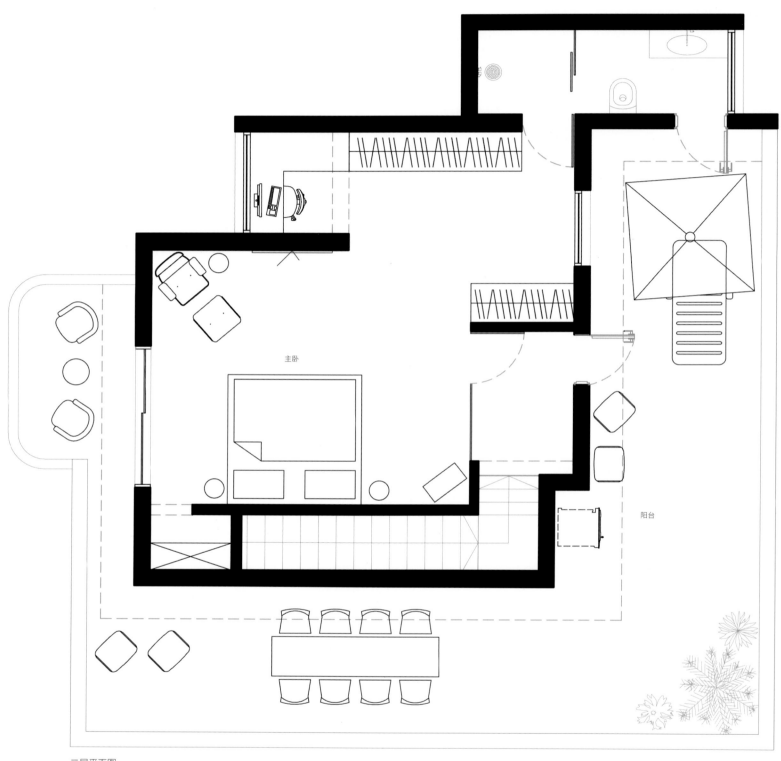

主卧

阳台

二层平面图

主卧里的家庭办公区

灰色、粉色和墨绿色是主卧空间的主基调

朴素淡雅的床品

公寓二层为度假风格的私密空间。楼梯和主卧之间的原有墙壁被替换为极简风格的磨砂玻璃，原有地面被替换为漂亮的木质地板。主卧的墙壁选用墨绿色。在衣柜门上悬挂有穿衣镜。设计师还在主卧里打造了一处极简风格家庭办公区，让夫妻二人可以在家办公。

设计简单的儿童房

一层的客卧

195

明亮通透的白色极简空间，墙面、家具皆以白色为主，仅以黑色餐具作点缀

　　设计师将整个公寓改造成极简风格的白色明亮空间。翻新后的公寓包含明亮的客厅、厨房、卧室和宽敞的卫生间。公寓构造狭长，公共区的长为度 11 m，宽度为 3.3 m。翻新前，公寓结构无法适应新屋主的需求，没有收纳空间，卧室内没有衣柜，卫生间面积狭小。为打造独一无二的美学体验，使整个空间看起来更为宽敞、明亮，设计师利用白色来完成整个设计。地板选用极简风格的白色地砖，墙壁为白色喷漆，所有木质家具也都是白色。

白色置物架削弱自身的存在感，突出摆件

餐厅全貌

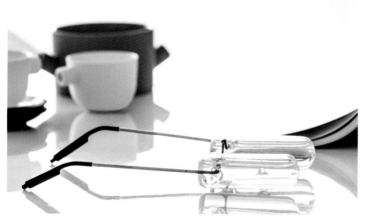

餐桌小物件等搭配细节

黑白交替下的极简风格

公寓太过狭长，很难同时容下小尺寸的客厅和餐厅家具。因此，客厅家具也供就餐使用。设计师将原本隔开客厅和卧室的室内墙换成定制的双面隔断柜，客厅一侧用作电视墙，卧室一侧则用作衣柜。

屋主要求延用部分自有家具，其中包括艾洛·阿尼奥风格的蘑菇桌和由凯瑞姆·瑞席设计的四把扶手椅。独一无二的家具从设计到概念上都影响了整个项目。为了使厨房功能齐全，并拥有收纳空间，灶台沿公寓一侧安排，集成电表箱被设计在壁橱内，以节省空间。

厨房区域将黑白搭配发挥到极致

卫生间为干湿分离设计

纯白色的卫生间设计

翻新前，卫生间门堵在玄关前。设计师打掉了所有内部墙体，重开卫生间入口，设计了极简、明亮、宽敞的新空间。卫生间入口处定制了功能性白色立柜，用于收纳物品和放置洗衣机。

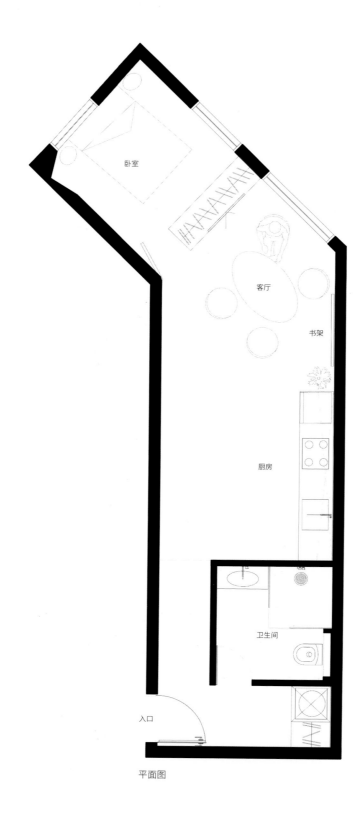

卧室

客厅

书架

厨房

卫生间

入口

平面图

设计以室外的风景做装饰

有形之墙

落地窗的设计让餐厨空间更加通透

　　兼顾功能性和简约风格，设计极简但居住舒适是本项目的核心理念。设计师第一次走进公寓，看着窗外美丽的风景，北欧风格的设计灵感便涌上心头。展现空间独特性，实现屋主需求这两点在设计中非常重要。在本项目中，设计师掌握到北欧风格的美学精髓：运用极简主义设计公寓，为屋主打造一处舒适的隐居。在项目中，设计师追求简约设计，采用和谐、安静的色彩风格。

靠近阳台一处设计为学习区

柔软的沙发占据客厅的正中心

卫生间门选择与储物柜同样的白色，将卫生间隐藏其中

从入户玄关望向客厅

从客厅望向餐厅

平面图

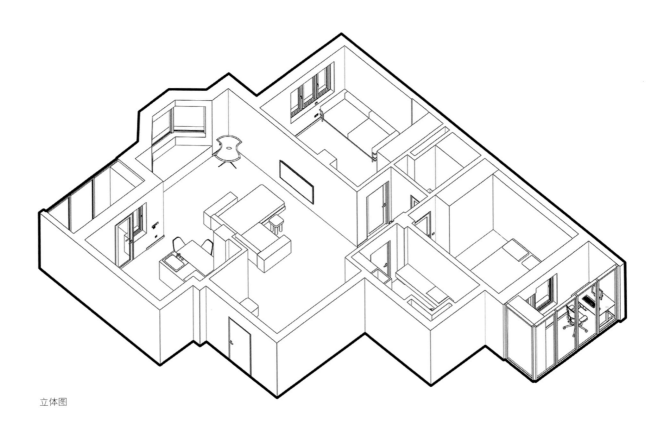

立体图

卫生间

开放式厨房

暗色调的卧室，静谧的氛围有助于睡眠

床头板特意挖空一块，可随手放置小物件

客厅旁的小阳台

希尔顿别墅

设计打通了两栋独立的公寓，更显宽敞

    该别墅建于 100 年前，为维多利亚风格，坐落于 Wychwood Barns 的东边。别墅被分成两栋独立的公寓，
因此屋主希望能打通房子内部，改造室内空间，使其更加现代化，同时保留窗外的街景。

简单的木质元素与灰色沙发相搭配

壁炉隔开卧室与餐厨区域

餐厅选用北欧风格住宅中出镜率极高的Y形椅

别墅的格局经过重新改造，前后连通，成为开放式生活空间。明亮的厨房位于别墅的后半部，从建筑格局中延伸出来，并在临街一侧开有两个天窗。客厅和餐厅由具有设计感的火炉隔开，这一元素保留了原来空间格局的痕迹。设计师们在南面设计了一面装饰墙，来遮挡包括衣帽间、卫生间和楼梯在内的所有功能区域。

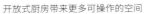

开放式厨房带来更多可操作的空间

楼梯对面，条形窗户的设计使空间更具呼吸感

白色大理石台面与深灰色柜体产生鲜明对比

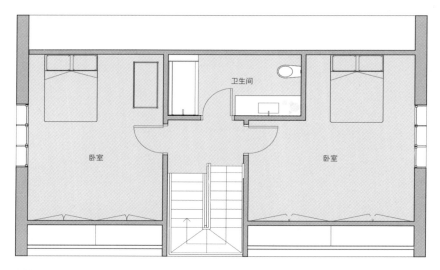

阁楼平面图

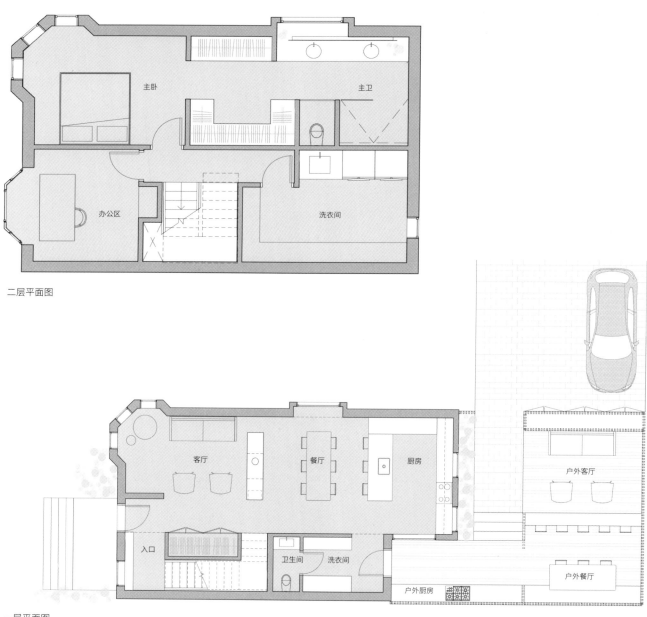

二层平面图

一层平面图

位于别墅二层的主卧套房

卫生间采用水磨石材质

位于阁楼的卧室

　　别墅二层为主卧套房——概念性的开放空间，以间隔型壁柜来分割休息区和主卫。主卫配备了宽敞的开放式淋浴间，巨型窗户装饰有磨砂玻璃，精美的悬挂式镜子从窗户处延伸过来。顶层高大的三角形山墙结合外露式屋顶横梁支撑，被改造成可利用的阁楼区域。阁楼区拥有两个独立卧室和一个公共卫生间，并可以透过窗户俯瞰整个别墅。原有的被分割成若干独立区域的别墅被改造成开放式的通透空间。改造后，整个空间充满阳光，使居住其中的人能够尽情享受室内、室外的全部空间。

波兰公寓

极简风格贯穿整个空间，除却家具本身没有多余的花纹装饰

屋主是位精力充沛、擅长社交，且工作兢兢业业的女士，爱好旅行和外语，精通三种语言。其对于设计风格的期望为：去除所有不必要的奢华。

72 m² 的三室公寓临近格但斯克老城，由配备开放厨房区的客厅、卧室、小客房和两个卫生间构成。

客厅和卧室通向有木质遮阳板和玻璃扶手的大阳台。木色窗户框架与黑白相间的墙壁、家具相得益彰，并与黄铜设计元素相呼应，例如，客厅桌上的 Hübsch 台灯和厨房配件。

客厅的灰色与餐厨区域的白色相得益彰

工业风格的台灯用于客厅和卫生间，使室内空间风格略显粗犷。木质配件在颜色上产生中和作用，柔和了空间的格调。

三座沙发、扶手椅、窗帘等客厅内的家具和陈设皆为灰色，结合就餐区的木质餐桌和白色餐椅，创造出精妙的生活空间。来自 BoConcept 品牌的配饰，例如，灰色、金色的垫子等使空间氛围更加舒适、轻松。

台面上随意摆放的装饰与餐具给人舒适的感觉

餐厅视角，望向玄关

简洁的厨房台面

餐厅处暖洋洋的光线让人食欲大增

客卫

风格化的床头设计，让空间更显独一无二

卧室的床是设计师的原创产品。风格化的床头设计与丹麦家具商 House Doctor 出品的黑色铜壁灯的搭配，产生绝妙的效果。枕头、毯子、配有台灯的床头柜和大批古书使整个空间风格独一无二。

设计师采用中性色调，搭配精选配饰，奠定了设计的最终格调。木质器具与黄铜元素互相补充，突出了室内设计的主旨。

中性色调的主卫

便于移动的铁艺小边桌

干净利落的客厅，专门将对面一间卧室改造为花房

　　设计师希望赋予这间普通的公寓一个特别的主题，展现屋主独一无二的生活方式。在项目的早期阶段，设计师主要着力于室内的色彩搭配，希望找到一种合适的方案将日常生活用品，例如，沙发、餐桌和其他日常必需品统一起来。设计师选择两个主色系，灰色和白色，利用不同质感和不同深浅的灰色打造了一个富有层次感的空间，平衡整个区域，并利用白色突出灰色。

不同质感与不同深浅的灰色，使空间富有层次

　　干净利落的线条是设计的另一个重点，主要突出空间感。在公共区域的配置上，设计师将一个卧室改造为花房，同时延伸了地板的铺设，利用线条利落的玻璃门模糊空间区隔，使公共区域更加开放灵活。

灰色和白色相搭配，没有过多色彩，让家的气质更显清冷，个性十足

三面宽大的落地窗以及右侧的玻璃门为客厅带来充足光线

亮面的岛台与朴素的水泥地板形成鲜明的对比

在岛台区，设计师特地将不同材质的地板相搭配：亮面材质的地板与朴素的水泥地板形成对比。在这个视野开阔的空间里，不同材质的地板也起到划分空间的作用。岛台采用不锈钢材质，灰色的材质与整个空间用色形成呼应。岛台旁边的两面木质波纹水泥墙则使整个岛台区从视觉上显得更加稳定。

厨房一侧

主卫

主卧

6*7

客卫

储藏室

厨房

花房

客厅

餐厅

平面图

从花房望向客厅

从主卧望向客厅

主卧

出租公寓

室内全部采用木地板，部分地面铺有地毯

　　结合北欧风格以及屋主的需求，设计并无过多的硬装改动，而更多着重在软装搭配，没有过多华丽冗杂的细节装饰。

　　现代简洁、线条利落、空间分明是北欧风格突出的特征。Nordico 工作室打造的北欧风格住宅将明亮的空间和色彩搭配和谐统一起来。黑、白、灰三色交织，打造出干净而平静的视觉效果。设计师保留白色墙壁以突出家具和艺术品，同时点缀其他流行色，比如，灰粉色、米黄色、原木色和草绿色等来丰富空间色彩。

　　设计师将自然元素以及自然光充分融入设计中。窗户占据客厅墙面的大部分空间，使光线能够进入室内。厨房、餐厅和客厅的灯光设计低调而又不失趣味。圆形灯泡也代表了北欧设计的精髓：简约、实用、温暖且不占用空间，是照明设备的绝佳选择。

从地板、墙面到家具、装饰，皆以黑、白、灰三色为主

一两盏暖黄色的灯，使整体空间更有家的温暖

入户玄关用吊杆取代落地衣架，可悬挂更多衣物

客厅中铺有地毯，周围的植物使整个空间生动、鲜活起来

开放式厨房与客厅、餐厅相连

开放式置物架可以展示屋主丰富的藏品

仅使用一层纱幔做窗帘，最大限度保留自然光线的同时，为空间营造呼吸感

北欧风格的家具和家居配饰不仅实用、舒适，还增添了现代的质感

主卧低饱和度色彩的组合打造出明亮的空间

以暖色调为主的儿童房

儿童房里可爱的床头摆件

菱形墙纸、卡通抱枕、几何床单等为儿童房增添了活力

霍隆 Y 家

两面宽大的落地窗，让人无法忽视窗外的美景

　　初见这间大公寓，其层高和曼妙的风景让人无法忽略。设计师认为，该公寓的最佳设计方案为集中改造几处，使其在空间比例上更合理。设计师们将极简风格确定为设计的整体风格，让风景成为公寓的视觉焦点。黑色的家具和灯具与白色的厨房产生鲜明的对比。

　　客厅中的柠檬绿丝绒沙发、复古风格地毯、咖啡桌和客厅的尺寸、氛围都很相配。客厅的中心为娱乐区，金属框架搭配铝制网格使整个空间有着轻松的氛围，又不失工业感。餐厅固定式灯具的材质为细金属丝，使屋主能够透过金属丝无干扰地欣赏窗外的风景。

个性化的摆件

开放式布局使空间从视觉上显得更加明亮，空间感也更强

水槽面向户外，洗碗、备菜皆可眺望远处的风景，让做家务多了些诗意

衣帽间前，特意安排了一组边几和椅子，可在此换衣或阅读

衣帽间的金属框架门采用了工业风格的玻璃材质，优雅、大方，是整个卧室的主要亮点

剖面图 1

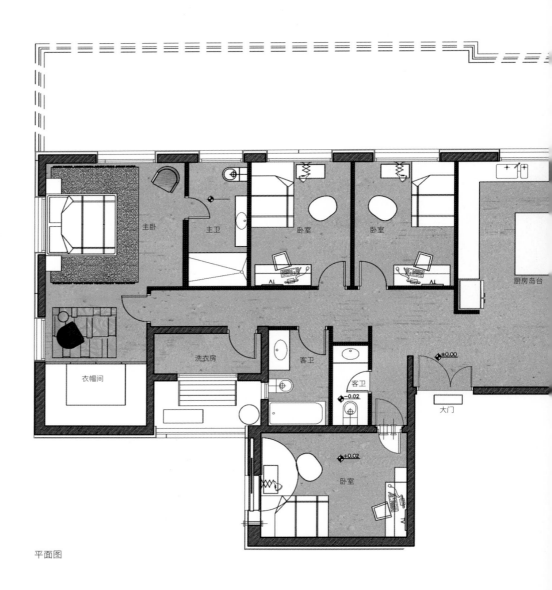

平面图

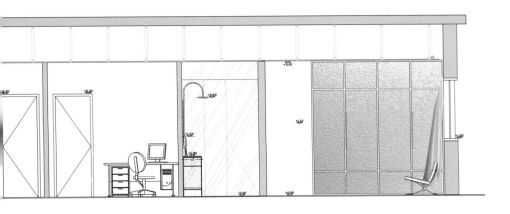

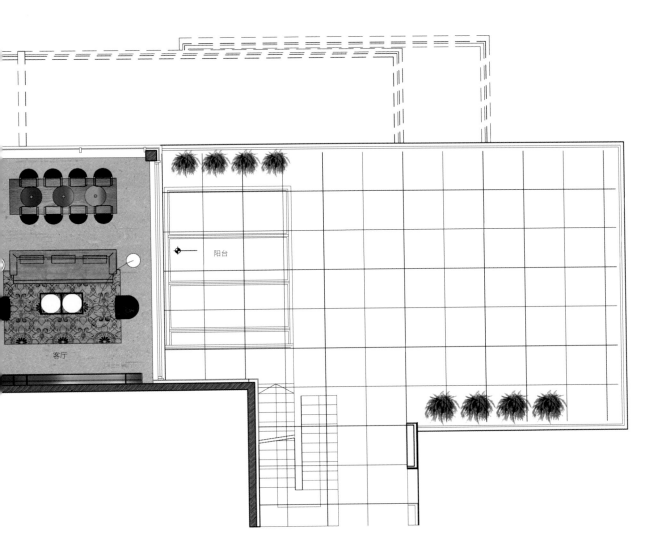

阳台

客厅

从阳光房望向室内

浴室里设计了隐藏式灯带

剖面图 2

带有泳池的户外阳台，可眺望远处的风景

M 号公寓

沙发与书桌的斜向布局，打破方形格局的沉闷

该公寓位于维也纳 19 区的一栋漂亮别墅内，占据一整层空间，需要全部重新设计、装修。

公寓为出租房，结构性变动基本不可能。设计师仅在卧室与客房之间新添了灰色立柜。客房两扇大门背面为镜子，打开大门，该空间可以随时充当宽敞的更衣室。整个公寓从玄关、餐厅、书房、客厅到卧室都采用高品质意大利家具。根据客人的要求，公寓色彩搭配采用浅灰色、蓝色和大地色系。

软性隔断灵活地保护隐私

西侧客厅

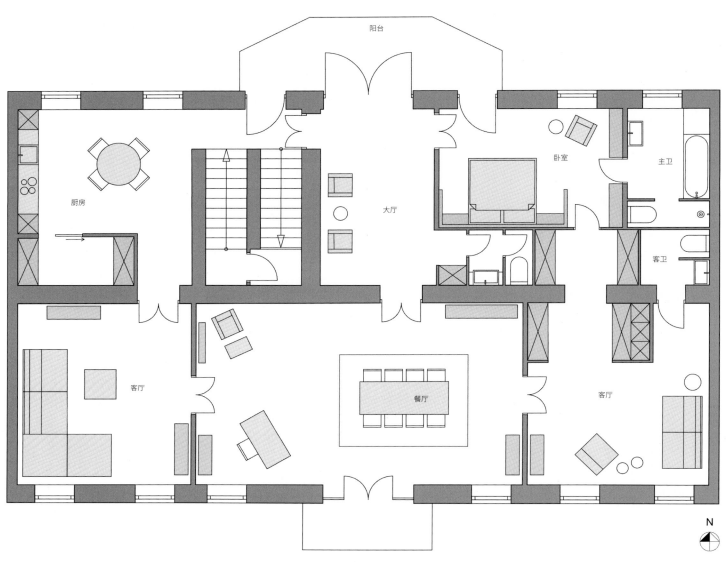

阳台

厨房

大厅

卧室

主卫

客卫

客厅

餐厅

客厅

N

平面图

独特的格局，餐厅作为整间屋子的重心，成为设计的重点

餐桌与窗户平行放置

东侧的客厅较为私密，放置了衣柜等私人物品

衣帽间的门采用折叠式设计，还将镜子置于反面，满足日常需求

白色与原木色奠定了全屋设计的基调

　　H+M 公寓位于一栋经典的维也纳式老建筑内。本项目主要是对这间公寓进行修复。屋主希望公寓的设计不要受到以前翻新失误的干扰，而应保持公寓本身的风格。公寓结构经过改造后，可以更好地适应现代化的生活方式。设计师将厨房并入客厅，为面向院子的儿童房留足空间。之前的小浴室空间也并入儿童房，凹进去的一部分空间正好可以放置儿童床。

餐厅和厨房置于一个空间

大面玻璃窗，采光极佳

厨房视角，望向整个空间

原来的浴室和衣帽间改成了玄关

玄关区原为浴室和衣帽间，设计师将其改造为带有桑拿功能的浴室。新玄关和浴室间的分隔墙被挂帘取代，必要时可以隔离浴室空间。浴室的墙壁、地板和洗手台经过平滑打磨处理后封上白色的瓷砖黏合剂，打造出纯色的整体空间。

主卧室也得以扩大升级，卧室的落地窗帘后隐藏着宽大的壁柜。

挂帘隔开浴室和玄关

带有桑拿功能的浴室

浴室一角

极简风格的主卧

客厅风格以极简风格为主，装饰简单

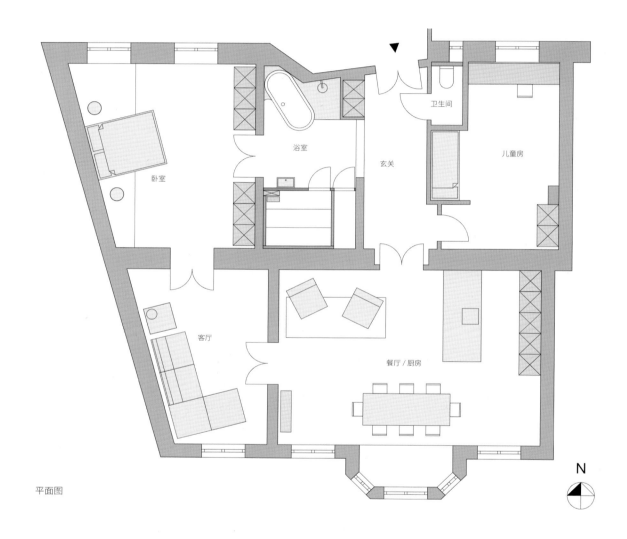

浴室

卧室

卫生间

玄关

儿童房

客厅

餐厅 / 厨房

平面图

N

设计充分利用每一寸空间，将儿童房的床嵌入墙体

女主人设计的薄纱吊灯

　　本项目的家具大部分由屋主自己设计，还有来自设计公司的部分产品。例如，餐厅的四脚实木桌和厨房的纤维水泥材质厨柜。客厅和卧室装饰有"3D阴影"系列灯具。餐桌上方和儿童房内的灯具是由女主人设计的薄纱枝形吊灯。

设计师用挂帘隔开餐厨和客厅

　　E&E 公寓不仅是对经典的维也纳风格的公寓楼的修复，也是对可持续室内设计的表达。设计的主题是将屋主对于消费主义的批判和高标准的审美结合起来，创造出一个和谐的整体风格。设计师集中精力翻新包括暖气、洁具和家用电器等在内的基础设施，并实施现代化的楼层改造方案，包括开放式的厨房空间，更大的卫浴空间，以及将原厨房空间改造成儿童房。

屋主偏爱的复古风格的家具

餐厅和厨房，将灯具下移，降低视觉重心

入户玄关面积较大，且靠近儿童房，可作为孩子的游玩区域

主卧床体采用自然气息十足的木质材料

玄关，尽头为浴室

浴室细部设计

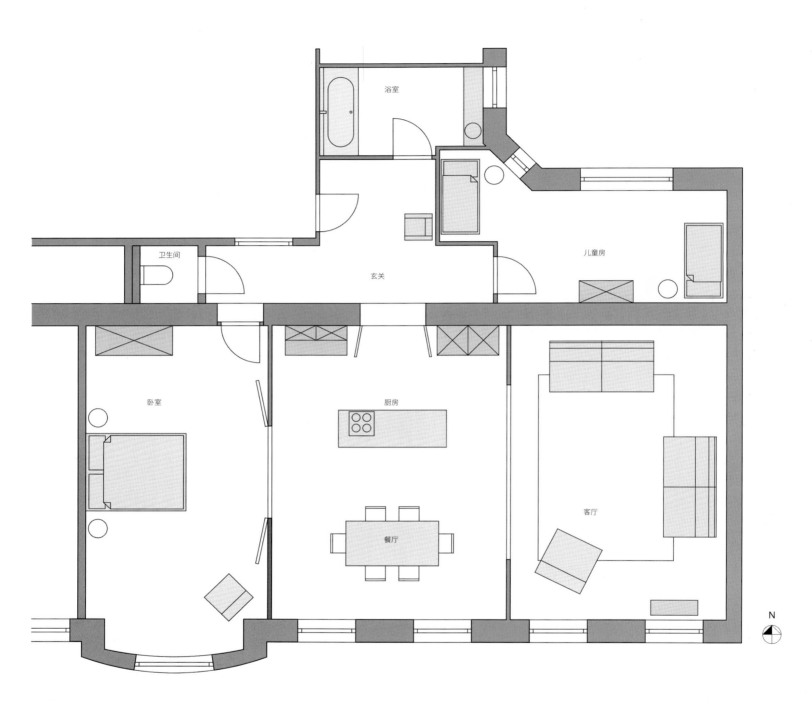

浴室

卫生间

玄关

儿童房

卧室

厨房

餐厅

客厅

N

平面图

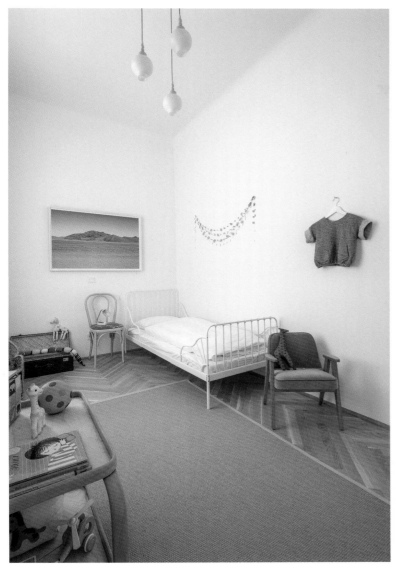

儿童房整体采用中性色调，易于搭配色彩丰富的儿童用品

人字形拼接的地板视觉张力强，增强空间的立体感

　　几乎所有的可移动家具都是从网络平台购买的。设计师采用两条并不互斥的标准来选购家具：最少的花费和一定的视觉审美标准。设计师用心良苦，将精美的石制瓷砖从原位置移除，用于玄关、浴室和卫生间。同时修复了原有门窗，也保留了老式镶木地板。开放式厨房和中岛烹调区的操作台由设计公司独家定制，操作台面和立面采用乳白色耐用板材。

Jodi

简约风格的空间，仅有些许点缀

何谓"好的室内设计"？

好的室内设计，是合理的空间规划，是体贴的细节设计，是合适的材料选择，是高质量的施工技术，同时也能满足屋主的独特需求。达到了这些，便会让设计脱颖而出。

然而，以上种种相加，也只答对了问题的一半。与专业技巧，精良设计相呼应，优质的室内软装搭配更能锦上添花。正如这间宽敞的两居室公寓，在现代简约风格的空间里，随处点缀着充满幽默元素的装饰图案，同时也适合儿童居住。

餐厅中，从挂画到灯饰皆以几何图形为主

原木色餐桌在黑色柜门的衬托下，质感十足

L形的厨房，动线清晰友好

主卧入口向外延伸，保护屋内隐私

从走廊望向主卧

主卧的卫生间干湿分离，洗手台安置在卫生间之外

床头背景墙舍弃了繁复的装饰，深灰色的墙面与床尾的黑色柜子相互呼应

大理石洗手台增强了空间的质感

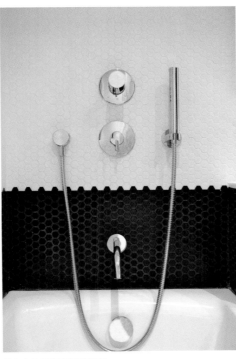

黑色六边形瓷砖时尚美观

典型的北欧风格搭配

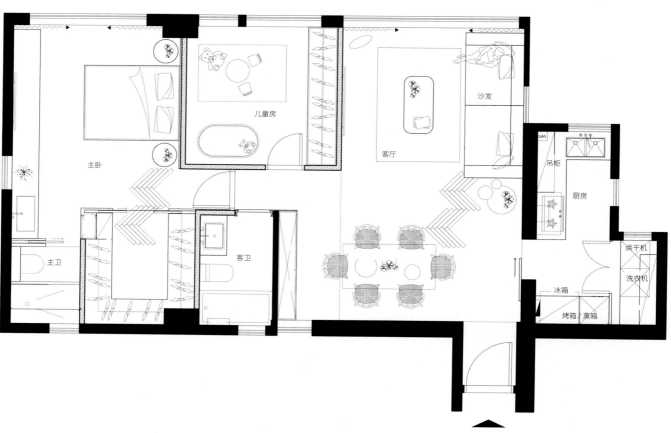

主卧

儿童房

客厅

沙发

GAS

吊柜

厨房

主卫

客卫

烘干机

冰箱

洗衣机

烤箱/蒸箱

平面图

266

五颜六色的条纹地毯丰富了整个空间的色彩

儿童房暂时以婴儿床为主要家具，后期可根据需求置换

墙面之下也可收纳屋主珍藏的手办模型

设计公司名录

ARTPOWER

致谢

我们要感谢所有为本书做出重大贡献的设计公司和设计师。没有他们的支持，本书将不可能成功出版。
我们还要感谢其他没有提到姓名的人，他们也为本书的出版提供了巨大的支持和帮助。

更多合作

如果您希望参与到我司的其他书籍，请联系我们：press@artpower.com.cn